U0386125

低卡减脂
家常菜

刘路然 主编

黑龙江科学技术出版社
HEILONGJIANG SCIENCE AND TECHNOLOGY PRESS

图书在版编目（CIP）数据

低卡减脂家常菜 / 刘路然主编 . -- 哈尔滨：黑龙
江科学技术出版社，2024. 10. -- ISBN 978-7-5719
-2643-4

Ⅰ . TS972.161

中国国家版本馆 CIP 数据核字第 202439JV08 号

低卡减脂家常菜
DIKA JIANZHI JIACHANGCAI

主　　编	刘路然	
责任编辑	马远洋	
封面设计	单　迪	
出　　版	黑龙江科学技术出版社	
地　　址	哈尔滨市南岗区公安街 70-2 号	
邮　　编	150007	
电　　话	（0451）53642106	
传　　真	（0451）53642143	
网　　址	www.lkcbs.cn	
发　　行	全国新华书店	
印　　刷	运河（唐山）印务有限公司	
开　　本	710mm×1000mm　1/16	
印　　张	10	
字　　数	190 千字	
版　　次	2024 年 10 月第 1 版	
印　　次	2024 年 10 月第 1 次印刷	
书　　号	ISBN 978-7-5719-2643-4	
定　　价	39.80 元	

前 言

在这个时代，健康与美丽已经成了许多人追求的生活目标。然而，面对快节奏的生活方式和多样化的饮食选择，如何在满足口腹之欲的同时保持健康的体重，成为了许多人面对的难题。减脂，作为实现健康体重的重要手段，已经引起了越来越多人的关注。

减脂并非一蹴而就的过程，它需要我们从生活中的点滴做起，尤其是在饮食方面。合理的饮食搭配，既能够满足身体的营养需求，又能够控制热量的摄入，是减脂成功的关键。然而，对于很多人来说，如何在保证营养的同时降低食物的热量，却是一个不小的挑战。

正是基于这样的背景，我们编写了这本《低卡减脂家常菜》。我们的初衷是希望通过这本书，为广大减脂人士提供一些简单、实用、美味的低脂家常菜谱，让大家在享受美食的同时，也能够轻松实现减脂目标。

在编写这本书的过程中，我深入研究了减脂饮食的原理和技巧，力求为大家呈现出最实用、最接地气的减脂家常菜。书中精选了上百道低脂、低糖、高纤维的菜品，涵盖了蔬菜、肉类、海鲜、豆类等多个食材类别，既满足了不同口味的需求，又保证了营养的全面。

在本书的每一道菜品中，都详细介绍了食材的选择、处理方法和烹饪技巧，让读者能够轻松掌握制作要点。同时，还特别注重菜品的口感和风味，力求让每一道菜品都能够达到既美味又健康的效果。

除了具体的菜谱外，书中还穿插了一些关于减脂饮食的基础知识和营养建议，希望通过这些内容，帮助大家更好地理解减脂饮食的原理和重要性，掌握正确的饮食方法，避免走入误区。

此外，我们还特别注重本书的实用性和可读性。本书采用了图文结合的方式，让读者能够更加直观地了解菜品的制作过程和成品效果。同时，还尽量使用通俗易懂的语言，让每一个读者都能够轻松理解并应用书中的知识。

值得一提的是，本书并非一本简单的菜谱集。在编写过程中，我们始终坚持以减脂为核心、以营养为基础、以美味为目标的原则，希望通过这本书，传递出一种健康、积极、乐观的生活方式，让每一个人都能够在享受美食的同时，实现减脂的目标，拥有健康的体魄和自信的笑容。

当然，减脂并非一蹴而就的过程，它需要我们的坚持和努力。在减脂的道路上，饮食只是其中的一部分，还需要结合适当的运动、良好的作息和积极的心态等多方面的因素。因此，希望读者在阅读这本书的同时，也能够关注自己的生活方式和心态调整，以更加全面、健康的方式实现减脂目标。

我们相信，每一个认真阅读这本书的人，都能够从中找到适合自己的低卡家常菜谱，享受到健康与美味的双重盛宴。我们也希望这本书能够成为你减脂路上的得力助手，陪伴你走过每一个美好的日子。

让我们一起，用美食的力量，开启健康减脂的新篇章吧！

目 录 *Contents*

PART 3 26天减脂饮食计划，塑造你的理想身材与生活方式

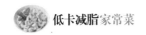

PART

1

健康减脂，
从饮食开始

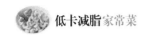

你的体重理想吗？你是否真的需要减脂？

关于体重是否理想，这实际上是一个相对主观的问题，因为每个人的身体类型、骨架大小、肌肉含量以及健康状态都不同，所以并没有一个固定的标准答案。一般来说，我们可以参考BMI（身体质量指数）来判断体重是否处于健康范围。BMI是通过体重（千克）除以身高（米）的平方来计算的，对于大多数成年人来说，BMI在18.5~23.9之间被认为是健康的。

然而，BMI并不能完全反映一个人的健康状况，特别是对于那些肌肉含量较高或者骨架较大的人来说，BMI可能会偏高，但这并不意味着他们就不健康。因此，判断体重是否理想，还需要结合个人的具体情况，如腰围、体脂率等因素进行综合评估。

对于肥胖的定义，通常也是基于一些客观指标来进行的。世界卫生组织（WHO）将肥胖定义为可能损害健康的异常或过量脂肪累积。具体来说，肥胖通常是通过BMI来判断的，一般来说，BMI超过25被认为是超重，而超过30则被认为是肥胖。但同样的，这个标准并不是绝对的，因为每个人的身体情况都是独特的。

总的来说，理想的体重和肥胖的定义都是相对的，需要综合考虑多种因素。如果你对自己的体重有疑虑，建议咨询专业的医生或营养师，他们可以根据你的具体情况给出更准确的建议。同时，无论体重如何，保持健康的生活方式，包括均衡的饮食和适量的运动，都是非常重要的。

低热量饮食与减脂的奥秘

热量是维持我们生命活动的基本能量，也是减脂过程中的关键因素。当摄入的热量超过身体所需的热量时，多余的热量就会转化为脂肪，储存在体内，导致体重增加。相反，如果摄入的热量低于消耗的热量，身体就会开始消耗储存的脂肪来提供能量，从而实现减脂的目标。因此，控制热量的摄入和消耗是减脂的核心。

要实现热量的平衡，我们需要关注食物的热量含量以及每日的热量需求。选择低热量、高营养的食物，避免高热量、高脂肪的食物，是减脂饮食的关键。同时，增加身体活动量，提高热量消耗，也是减脂过程中的重要环节。

减脂饮食的重要性

减脂饮食有助于维持理想的体重和身材。通过控制脂肪摄入，我们可以减少热量积累，进而避免肥胖和相关健康问题的发生。肥胖不仅影响外貌，更可能引发高血压、高脂血症、糖尿病等一系列慢性疾病，对身体健康造成长期威胁。因此，减脂饮食是预防和管理体重问题的重要手段。

减脂饮食有助于改善血脂水平。过多的脂肪摄入会导致血液中胆固醇和三酰甘油等脂质物质升高，增加心血管疾病的风险。而减脂饮食则能够降低这些脂质物质的含量，改善血脂水平，保护心血管健康。

减脂饮食还有助于提高身体的代谢效率。摄入过多的脂肪会使身体更多地依赖脂肪氧化来供能，而减脂饮食则能够促进身体转向利用

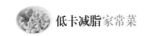

糖类和蛋白质来供能，从而提高代谢效率，使身体更加健康和有活力。

减脂饮食也有助于改善肠道健康。高脂肪饮食往往与肠道炎症和菌群失衡等问题相关，而减脂饮食则能够减少这些不良影响，维护肠道健康和免疫系统的正常功能。

减脂饮食对身体健康的重要性体现在多个方面，它不仅能够帮助我们保持理想的体重和身材，还能改善血脂水平、提高代谢效率以及维护肠道健康。因此，在日常生活中，我们应该注重选择低脂、低热量、高纤维的食物，保持均衡的饮食，以维护身体的健康和活力。

通过饮食提高代谢，变成"易瘦体质"

通过饮食提高代谢并变成"易瘦体质"是一个综合性的过程，它涉及营养素的均衡摄入、食物的选择与搭配以及饮食习惯的养成等多个方面。以下是一些详细的建议，帮助你通过饮食调整来提高代谢，逐步塑造出易瘦体质：

▲ 优化营养素摄入

增加蛋白质摄入：蛋白质是身体构建和修复组织的重要物质，也是提高代谢的关键，因此应选择瘦肉（如鸡胸肉、瘦牛肉）、鱼类（如三文鱼、鳕鱼）、豆类（如黄豆、黑豆）、蛋类和奶制品等作为优质蛋白质来源。每餐都包含一定量的蛋白质，有助于维持肌肉质量，促进肌肉生长，从而提高基础代谢率，促进脂肪燃烧。

合理摄入碳水化合物：选择低 GI（血糖生成指数）的碳水化合物，如全麦面包、糙米、燕麦、红薯和蔬菜等。这些食物能够缓慢释放能量，避免血糖快速波动，有助于维持稳定的代谢水平。同时，控制碳水化合物的摄入量，可避免摄入过多热量。

摄入健康脂肪：橄榄油、鱼类（富含Omega-3脂肪酸）、坚果（如核桃、杏仁）、种子（如亚麻籽、芝麻籽）等富含健康脂肪的食物，有助于维持身体正常功能，促进饱腹感，减少饥饿感。适量摄入这些健康脂肪，可以提高代谢效率。

▲ 食物选择与搭配

多吃高纤维食物：高纤维食物如蔬菜、水果、全谷类食物等，有助于促进肠道蠕动，改善消化功能。同时，高纤维食物可以增加饱腹感，减少对其他高热量食物的摄入。

适量摄入辣椒和生姜：辣椒和生姜等辛辣食物能够刺激身体产生热量，提高代谢水平。适量食用这些食物，有助于加速脂肪燃烧，有效控制体重。

多吃富含维生素和矿物质的食物：如绿叶蔬菜、水果、坚果等，这些食物有助于维持身体正常功能，促进代谢。

▼ 养成良好的饮食习惯

规律饮食：定时定量进食，避免暴饮暴食。每天三餐要规律，不要跳过早餐或晚餐。同时，要控制每餐的摄入量，避免摄入过多热量。

细嚼慢咽：充分咀嚼食物有助于减轻胃肠负担，促进消化。同时，细嚼慢咽还可以让大脑更好地感知饱腹感，避免过量进食。

避免夜间进食：尽量在晚餐后不再进食，特别是避免高糖、高脂肪的夜宵。如果确实感到饥饿，可以选择一些低热量、高纤维的食物作为夜宵。

▼ 注意饮水

保持充足的水分摄入对于提高代谢至关重要。水参与身体内的各种代谢过程，有助于维持体温、运输营养物质和排出废物等。建议每天要摄入足够的水分，根据个人体重和活动水平调整摄入量。

请注意，每个人的体质和代谢情况不同，因此需要根据个人情况调整饮食计划。在尝试任何新的饮食计划之前，建议咨询专业营养师或医生的建议，以确保安全和有效。同时，饮食调整只是提高代谢和变成易瘦体质的一部分，还需要结合适当的运动和良好的生活习惯。通过综合考虑饮食、运动和生活方式等多个方面，你可以逐步提高自己的代谢水平，迈向易瘦体质。

减脂不挨饿，选对食材很重要

在减脂饮食中，选择低脂食材是降低热量摄入的有效途径。以下是一些常见的低脂食材，它们不仅热量较低，而且营养丰富，适合减脂期间食用。

五谷类

每日适用量: 50 克
热量: 约 1499 千焦 /100 克

减脂功效

小米含有丰富的纤维，特别是粗纤维。这种纤维进入人体肠道后容易膨化，使人产生饱腹感，从而抑制对其他食物的摄入欲望。这种饱腹感有助于减少食物摄入量，进而减少人体内的热量摄入，从而达到减脂的目的。小米中的钾元素也有助于减脂。钾元素具有利尿消肿的作用，可以帮助排除体内多余的水分和废物，进一步促进减脂。小米中的镁元素有助于降低高血压和心脏病发作的风险，而小米还能稀释血液，防止血小板聚集，这些都有助于维持一个健康的身体状态，间接地支持了减脂过程。

减脂吃法

小米的减脂吃法主要是基于其低热量、高纤维的特点，结合其他健康食材，更有助于减脂，如将煮熟的小米与各种新鲜蔬菜（如生菜、黄瓜、西红柿等）混合，加入适量的橄榄油和柠檬汁调味，制作成小米蔬菜沙拉。这款沙拉既营养丰富，又低热量，非常适合减脂期间食用。

每日适用量: 50 克
热量: 约 1393 千焦 /100 克

减脂功效

黑米含有丰富的膳食纤维，这种纤维可以促进胃肠道蠕动，有助于改善便秘现象，同时也可产生较强的饱腹感，帮助减少食物的摄入量，从而有助于减脂。黑米中的淀粉、蛋白质等营养成分，可以为身体提供必要的能量，维持身体的正常代谢功能。黑米还富含钙、磷、铁等多种矿物质，以及 B 族维生素。这些营养成分对于维持身体的健康状态，促进新陈代谢，以及帮助减脂都有积极的作用。此外，黑米还具有补血益气、暖胃健脾、滋补肺肾等功效，这些都有助于改善身体状况，从而间接地促进减脂。

减脂吃法

黑米作为一种营养丰富、低脂肪、高纤维的食物，对于减脂有一定的帮助。将黑米洗净后，按照正常煮饭的方法煮熟即可食用。黑米饭作为主食，相比白米饭含有更多的膳食纤维和矿物质，有助于控制体重，还应搭配一些蔬菜、瘦肉或鱼类，达到营养均衡更有利于减脂。

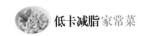

No.3 薏米

每日适用量：60 克
热量：约 1493 千焦 /100 克

减脂功效

薏米，也被称为薏苡仁，是一种食药两用的食材。从营养学角度来看，薏米富含蛋白质、粗纤维、矿物质、维生素。薏米还有促进代谢与排泄的功效，薏米中富含的膳食纤维有助于促进胃肠道的蠕动，增加胃肠道的运化功能，从而加速体内毒素和废物的排出。此外，薏米还有一定的利尿作用，有助于排出体内多余的水分，进而帮助减轻体重。薏米本身热量相对较高，每 100 克薏米含有约 494 千焦的热量。但适当食用薏米能够快速增加饱腹感，有助于减少进食量，从而在一定程度上控制总热量的摄入。

减脂吃法

搭配茯苓、小米、山药熬粥食用，可以祛湿、健脾和胃、消水肿、促进消化，而且粥内含有较少的脂肪，有助于减脂。将薏米洗净后，加入适量的清水，煮沸后转小火煮 20 分钟左右，然后滤出薏米渣，只喝水。薏米水可以作为日常饮品，有助于促进新陈代谢和排毒。

No.4 燕麦

每日适用量：40 克
热量：约 1535 千焦 /100 克

减脂功效

燕麦含有丰富的膳食纤维，这种纤维能够增加食物的体积，进而在胃中占据更多的空间，使人产生饱腹感。燕麦的热量相对较低，但营养价值丰富。它含有优质的蛋白质、矿物质和维生素，能够满足身体的基本营养需求，避免因为减脂而导致的营养不良。此外，燕麦中的蛋白质还能促进肌肉的生长和修复，有助于塑造健美的身材。燕麦中的 β - 葡聚糖等成分有助于降低胆固醇和血脂水平，维护心血管健康。这对于减脂人群来说尤为重要，因为减脂过程中往往伴随着脂肪代谢的改变，容易导致血脂异常。

减脂吃法

可将燕麦片与低脂酸奶或牛奶混合，搅拌均匀后食用。这种吃法简单快捷，既提供了丰富的膳食纤维和蛋白质，又增加了饱腹感。燕麦粥既可作为早餐，也可作为晚餐的替代品，提供持久的饱腹感，有助于控制食欲。

No.5 荞麦

每日适用量：40 克
热量：约 1355 千焦 /100 克

减脂功效

　　荞麦富含蛋白质、锌、铁、镁等营养物质，这些成分对于维持身体的正常功能至关重要。其中，蛋白质是构建肌肉的重要成分，而锌、铁、镁等矿物质则有助于增强身体免疫力，促进血液循环，从而有助于缓解减脂期间的疲劳和压力。荞麦的热量相对较低，同时，荞麦含有丰富的膳食纤维，有助于降低血脂和胆固醇水平。因此，荞麦在控制体重和减脂方面具有积极作用。荞麦中的 B 族维生素，有助于促进糖类的新陈代谢，将其转化为能量，有助于维持身体的正常代谢功能。同时，这些维生素还有助于维护皮肤和神经系统健康，对于维持整体健康状态具有重要意义。

减脂吃法

　　荞麦作为一种营养丰富、低热量、高纤维的食物，对于减脂有着积极的促进作用。可用荞麦粉制作面条，并搭配各种蔬菜和瘦肉，如西红柿、黄瓜、豆芽、鸡胸肉等，制作成各种口味的荞麦面。

No.6 玉米

每日适用量：70 克
热量：约 443 千焦 /100 克

减脂功效

　　玉米富含膳食纤维，这种纤维有助于增加食物的体积，使人在进食后产生更强的饱腹感，从而减少对其他食物的摄入。膳食纤维还能促进肠道蠕动，改善消化功能，预防便秘，帮助排除体内的废物和多余脂肪。玉米的热量相对较低，但营养价值丰富。它含有优质蛋白质、多种维生素和矿物质，如维生素 A、维生素 C、维生素 E、铁、钙等，能够满足身体的基本营养需求，避免因减脂而导致的营养不良。

减脂吃法

　　玉米作为一种营养丰富且低热量的食物，在减脂过程中可以发挥重要作用。将玉米去皮洗净，放入锅中加入适量的水，大火煮开后转小火煮约 20 分钟，直至玉米熟透。这种吃法简单方便，能够保留玉米的原汁原味，同时减少油脂摄入。

黄豆

每日适用量：40 克
热量：约 1502 千焦 /100 克

· 减脂功效 ·

黄豆是一种优质的蛋白质来源。每 100 克干黄豆中含有约 36 克蛋白质，这些蛋白质可以提供人体所需的全部氨基酸，并有助于维持肌肉组织的强度和结构。蛋白质对于减脂尤为重要，它能够促进肌肉生长和修复，提高基础代谢率，从而有助于燃烧更多的热量。

其次，黄豆富含膳食纤维。膳食纤维有助于增加饱腹感，减少进食量，从而控制总体热量摄入。同时，膳食纤维还能促进肠道蠕动，帮助排出体内废物，减少脂肪的吸收，对于减脂和维持肠道健康都非常有益。

· 减脂吃法 ·

黄豆本身含有丰富的膳食纤维和蛋白质，可以直接作为零食食用。这不仅可以增加饱腹感，减少对其他高热量食物的摄入，还能为身体提供必要的营养。黄豆可以制作成豆浆或豆腐，这两种食物都是减脂期间的良好选择。豆浆可以作为早餐或餐后的饮品，而豆腐则可以作为主食或配菜食用。它们不仅营养丰富，而且热量相对较低，有助于控制体重。

黑豆

每日适用量：40 克
热量：约 1593 千焦 /100 克

· 减脂功效 ·

黑豆中的糖类主要是碳水化合物，能够缓慢释放能量，有助于稳定血糖水平。这对于控制食欲、避免过度进食和减少脂肪堆积非常有益。

黑豆中的脂肪主要是不饱和脂肪酸，这种脂肪有助于降低血液中的胆固醇水平，改善心血管健康。同时，不饱和脂肪酸还能满足人体对脂肪的需求，而不会导致过多的热量摄入。

· 减脂吃法 ·

将黑豆浸泡并磨成豆浆，可以保留黑豆的营养成分，同时增加饱腹感。可以选择早餐或下午茶时饮用，搭配其他食物一同进食，但需注意控制总热量摄入。

蔬菜类

No.1 生菜

每日适用量：80 ~ 100 克
热量：约 105 千焦 /100 克

减脂功效

生菜是一种低热量、高纤维的蔬菜。这种低热量、高纤维的特性使得生菜成为减脂期间的理想食物选择。膳食纤维不仅有助于增加饱腹感，减少进食量，还能促进肠道蠕动，帮助排出体内的废物和多余脂肪，从而有助于控制体重。

减脂吃法

生菜的减脂吃法多种多样，既可以直接食用，也可以搭配其他食材制作成美味的减脂餐。将生菜叶子洗净沥干，平铺开来，在生菜叶子上放上煮熟的鸡肉、虾仁、豆腐等低脂高蛋白食材，再加上一些黄瓜条、胡萝卜丝等蔬菜，轻轻卷起生菜叶子，使其包裹住所有食材。这样的生菜卷既美味又营养，适合作为午餐或晚餐的替代品。

No.2 芹菜

每日适用量：50 ~ 100 克
热量：约 59 千焦 /100 克

减脂功效

芹菜中含有胡萝卜素和维生素，这些成分可以有效地抑制体内多余热量向脂肪的转化过程，从而帮助减少体内的脂肪含量。同时，芹菜中的一些维生素和微量元素还可以有效地抑制高脂血症、高血压、高胆固醇的出现，对于维护身体健康也有很大帮助。

减脂吃法

芹菜富含维生素和纤维素，可以帮助减脂，其食用方式很多，可以清炒，也可以凉拌，还可以榨汁饮用。

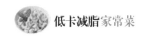
No.3 大白菜

每日适用量：100 克
热量：约 63 千焦 /100 克

减脂功效

　　大白菜含有丰富的维生素和矿物质。这些营养物质对于维持身体的正常代谢和生理功能至关重要。在减脂过程中，保持充足的营养摄入有助于减少因减脂导致的营养不良，同时促进脂肪的燃烧和代谢。特别是大白菜中的维生素 C，有助于促进胶原蛋白的合成，保持皮肤的弹性和光泽，让你在减脂的同时也能保持美丽。

减脂吃法

　　将大白菜与豆腐、红柿子椒等食材一起煮成汤，加盐和鸡精调味。这种吃法不仅热量低，而且富含膳食纤维，有助于促进肠道蠕动，改善便秘。将大白菜切成块或条，用醋、酱油、盐等调料烹制。醋中的氨基酸有助于降低脂肪含量，与白菜搭配可以起到润肠排毒的作用，有助于减脂。

No.4 菠菜

每日适用量：80 ~ 100 克
热量：约 100 千焦 /100 克

减脂功效

　　菠菜中的膳食纤维具有很强的饱腹感，能够让人体减少对食物的摄入欲望，从而减少热量摄入，达到减脂的目的。此外，菠菜还富含钾元素，有助于消除水肿，对于水肿型肥胖者尤其有益。菠菜还含有丰富的维生素和矿物质，如维生素 A、维生素 C、维生素 K、铁、钙等，这些营养物质对于维持人体正常代谢和健康至关重要。

减脂吃法

　　将菠菜洗净后焯水，然后加入蒜蓉、芝麻油、醋、辣椒酱等，拌匀即可。这种做法简单快捷，不仅保留了菠菜的营养成分，还能增加饱腹感，减少其他高热量食物的摄入。

空心菜

每日适用量：50 ~ 100 克
热量：约 84 千焦 /100 克

减脂功效

空心菜富含各种营养物质，如氨基酸、胡萝卜素、叶绿素、矿物质等，这些物质对身体有益，且在某种程度上也有助于减脂。例如，叶绿素具有抗氧化和抗炎作用，有助于维持身体的健康状态。

减脂吃法

将空心菜洗净切段，用少量油翻炒至熟，可以加入蒜末或姜末提味。这种做法简单快捷，能够保留空心菜的原汁原味，同时控制油脂的摄入。将空心菜与豆腐、鸡蛋等食材一起煮成汤，加入盐和鸡精调味。这种吃法不仅营养丰富，而且热量相对较低，有助于减脂期间控制热量摄入。

豌豆苗

每日适用量：50 ~ 100 克
热量：约 184 千焦 /100 克

减脂功效

豌豆苗富含膳食纤维，每 100 克中含有 2.7 克的膳食纤维，其中不溶性纤维约占 70%，可溶性纤维约占 30%。豌豆苗的热量非常低，豌豆苗的脂肪含量也很低，每 100 克可食用部分的脂肪含量仅为 0.8 克，不会影响减脂效果。

减脂吃法

将豌豆苗洗净后沥干水分，用少量油清炒至熟，可以加入蒜末或姜末提味。这种做法简单快捷，且保留了豌豆苗的原有营养和口感，非常适合作为减脂餐的一部分。

将豌豆苗焯水后过冷水降温，然后沥干水分搭配一些切丝的胡萝卜或其他蔬菜，加入蒜蓉、生抽、醋、盐等拌匀。凉拌豌豆苗口感清脆，既能满足口腹之欲，又有助于减脂。

No.7 苋菜

每日适用量：80 ~ 100 克
热量：约 105 千焦 /100 克

减脂功效

苋菜富含维生素和矿物质，如钙、铁和维生素 K。这些营养成分不仅有助于维持身体的正常功能，还能促进凝血、增加血红蛋白含量、提高携氧能力，从而有利于身体的整体健康。

减脂吃法

将苋菜与粳米一同煮粥，既增加了膳食纤维的摄入，又提供了丰富的营养。这种吃法有助于促进肠胃蠕动，减少脂肪的吸收，从而达到减脂的效果。

No.8 花菜

每日适用量：70 ~ 100 克
热量：约 63 千焦 /100 克

减脂功效

非常适合作为减脂期间的食材。花菜中含有大量的水分和多种维生素及矿物质，如维生素 C、维生素 K、钾和钙等。这些营养成分不仅有助于维持身体的正常功能，还能提高新陈代谢率，进一步促进脂肪的燃烧和代谢。

减脂吃法

将花菜洗净切成小朵，用少许油或其他调料腌制片刻，然后放入蒸锅中清蒸至熟。这种做法能够保留花菜的原汁原味，同时避免过多的油脂摄入。

紫甘蓝

每日适用量：60 ~ 100 克
热量：约 80 千焦 /100 克

· 减脂功效 ·

紫甘蓝富含铁元素，这种元素能提高血液中的氧含量，帮助人体燃烧脂肪，加速新陈代谢，达到减脂的效果。此外，紫甘蓝还含有大量的维生素 E 和 β - 胡萝卜素，这些抗氧化剂有助于细胞的更新，促进新陈代谢，加速血液循环，进一步促进减脂瘦身。

· 减脂吃法 ·

将紫甘蓝切成细丝，然后加入调味料如醋、盐、糖、芝麻油等，拌匀即可。这种做法简单快捷，既能保留紫甘蓝的营养成分，又有助于增加饱腹感，减少其他食物的摄入。

洋葱

每日适用量：50 克
热量：约 163 千焦 /100 克

· 减脂功效 ·

洋葱属于辛辣刺激的食物，适量食用可以有效地促进血液循环，有助于消除体内过度堆积的脂肪。同时，洋葱中的膳食纤维含量非常丰富，有助于促进肠道蠕动，加速身体内胆固醇代谢物的排泄，从而起到减脂的作用。

· 减脂吃法 ·

洋葱可以作为零食直接生吃，这样既能满足口腹之欲，又能减少其他高热量食物的摄入。不过，需要注意的是，生洋葱的辛辣味可能较强，对于不习惯的人来说，可以先从少量开始尝试。洋葱可以与其他蔬菜如胡萝卜、芹菜、西红柿等搭配制作汤品。这种吃法不仅营养丰富，而且热量相对较低。在烹饪过程中，还可以根据个人口味添加适量的瘦肉或豆腐，以增加蛋白质的摄入。

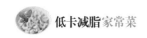

No.11 黄瓜

每日适用量：100 克
热量：约 63 千焦 /100 克

减脂功效

黄瓜中的丙醇二酸物质可以抑制糖类转化为脂肪，减少脂肪的堆积。同时，黄瓜中的维生素 B_1 和酶类物质有助于促进新陈代谢，加速体内废物的排出，进一步促进减脂效果。黄瓜还富含钾盐，有助于消除水肿。

减脂吃法

黄瓜可以洗净后直接生吃，这样最能保留黄瓜的原汁原味和营养成分。同时，生吃黄瓜也有助于增加饱腹感，减少对其他高热量食物的摄入。将黄瓜与其他蔬菜或瘦肉一起煮汤，不添加过多油脂和调料。黄瓜汤清爽可口，既能满足口腹之欲，又能控制热量摄入，是减脂期间的理想选择。

No.12 茄子

每日适用量：70 ~ 100 克
热量：88 千焦 /100 克

减脂功效

茄子含有多种维生素和矿物质，如维生素 C、维生素 E、钾、镁等，这些营养成分对维持身体健康和正常代谢至关重要。在减脂过程中，保持身体的营养均衡有助于减少因减脂而导致的营养不良问题。

减脂吃法

将茄子洗净切块或切条，撒上少许盐、酱油等调料，然后放入蒸锅中清蒸至熟。这种做法能够保持茄子的原汁原味，同时避免过多的油脂摄入。将茄子切片或切块，用少许橄榄油和调料腌制片刻，然后放入预热好的烤箱中烤至表面微焦。这样做既能让茄子口感更加香脆，又能控制油脂的使用量。

№ 13 西红柿

每日适用量：100 克
热量：约 79 千焦 /100 克

· 减脂功效 ·

西红柿的热量非常低。西红柿中含有一种名为"西红柿红素"的抗氧化物质，它不仅能够降低胆固醇水平，减少脂肪在体内的堆积，还具有抑制脂肪细胞增多的作用。这意味着西红柿不仅能帮助减轻体重，还能防止体重反弹。

· 减脂吃法 ·

最简单直接的方式就是生吃西红柿。它可以作为餐后的水果，或者作为零食直接食用。生吃能最大限度地保留西红柿中的营养成分，特别是维生素 C 和西红柿红素，这些物质对于促进新陈代谢和减少脂肪堆积都有很好的效果。

№ 14 芦笋

每日适用量：50 ~ 100 克
热量：约 54 千焦 /100 克

· 减脂功效 ·

芦笋具有低脂、低糖、高纤维的特点，这使其成为减脂期间的理想食材。芦笋含有多种维生素和微量元素，如维生素 A、B 族维生素、维生素 C、维生素 E 以及硒、锰等，这些营养成分对维持身体健康和正常代谢至关重要。在减脂过程中，保持身体的营养均衡有助于减少因减脂而导致的营养不良问题。

· 减脂吃法 ·

芦笋是一种低热量、高营养的蔬菜，非常适合减脂期间食用。将芦笋与其他蔬菜或瘦肉一起炖制汤品，这样既可以摄入芦笋的营养，又能享受汤品的美味。注意控制调料的使用量，避免过多的盐分和油脂。

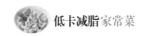
No.15 莴笋

每日适用量：60 ~ 100 克
热量：约 59 千焦 /100 克

· 减脂功效 ·

莴笋是一种营养丰富的蔬菜，具有多种功效。它富含蛋白质、膳食纤维、维生素和矿物质等多种营养物质，适量食用可以增强体质，提高抗病能力。它的根茎和叶子都可以食用，富含水分、维生素和纤维素，热量相对较低。

· 减脂吃法 ·

将莴笋洗净切丝或切片，加入适量的调味料如酱油、醋、蒜末、姜末等，拌匀即可。这种做法既简单又清爽，能够保留莴笋的原汁原味，同时满足口腹之欲，减少热量摄入。

No.16 胡萝卜

每日适用量：60 ~ 100 克
热量：约 105 千焦 /100 克

· 减脂功效 ·

胡萝卜富含膳食纤维，这种物质有助于促进肠道蠕动，改善消化功能。膳食纤维还能增加饱腹感，减少对其他高热量食物的渴望，从而有助于控制体重。

· 减脂吃法 ·

一般建议食用胡萝卜的时候，可以选择生吃，或采取清蒸、水煮等方式烹饪胡萝卜，这样摄入胡萝卜的热量较低，有助于起到减脂的效果。

白萝卜

每日适用量：50 ~ 100 克
热量：约 88 千焦 /100 克

· 减脂功效 ·

白萝卜中的芥子油具有促进脂肪类物质代谢与分解的作用，可以有效避免脂肪在皮下堆积，对减脂具有积极效果。此外，白萝卜中的胆碱物质和酶也能促进食物的消化，避免食物在体内堆积，进一步促进减脂。

· 减脂吃法 ·

生吃的白萝卜能够保留更多的营养成分，尤其是其含有的纤维素和酶，有助于促进消化和代谢。可以将白萝卜洗净后切成薄片或条状，直接作为餐前或餐后的零食食用。如果不喜欢白萝卜的原味，可以蘸取少量的酱油或醋来调味。

黑木耳

每日适用量：25 ~ 50 克
热量：约 857 千焦 /100 克

· 减脂功效 ·

黑木耳中的卵磷脂有助于降低人体的胆固醇水平，使脂肪呈液质状态，有利于脂肪在体内完全消耗，减少脂肪堆积。卵磷脂还能带动体内脂肪运动，使脂肪分布合理，形体匀称。

同时，黑木耳含有多种有益氨基酸和微量元素，被称之为"素中之荤"。这些营养成分不仅有助于维持身体健康，还能在一定程度上促进新陈代谢，帮助身体更有效地消耗热量。

· 减脂吃法 ·

将黑木耳洗净，用热水焯熟后过凉水，以保持其爽脆口感。然后加入蒜末、香菜、醋、酱油等调料拌匀，既美味又低脂。

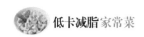

No.19 草菇

每日适用量：20克
热量：约96千焦/100克

· 减脂功效 ·

草菇中的不饱和脂肪酸能够润滑肠道，也有助于减脂。这种健康的脂肪能够帮助维持体内脂肪的平衡，减少脂肪堆积。

此外，草菇的热量相对较低，每100克草菇的热量约为96千焦，这使得它成为减脂期间的理想食物。

· 减脂吃法 ·

将黑木耳、白萝卜和草菇一同煮汤。黑木耳富含胶质，有助于润肠通便，白萝卜则具有消食化积的作用，草菇则能增添汤品的口感和营养。此汤品不仅有助于减脂，还能美容养颜。

No.20 冬瓜

每日适用量：50～100克
热量：约46千焦/100克

· 减脂功效 ·

冬瓜含有高达96.9%的水分，这使得它具有很好的利尿排湿作用。通过排除体内多余的水分和湿气，有助于减轻水肿，使身体更加轻盈。同时，高水分含量还能增加饱腹感，减少对其他高热量食物的渴望。

此外，冬瓜富含丙醇二酸，这种物质能够有效抑制糖类转化为脂肪，从而防止脂肪在体内的堆积。

· 减脂吃法 ·

冬瓜和海带一同煮汤，不仅味道鲜美，而且富含膳食纤维和矿物质。海带中的褐藻胶有助于促进肠道蠕动，排出体内多余的水分和废物，从而达到减脂的效果。同时，冬瓜的低热量和高水分也能帮助控制热量摄入和减轻水肿。

西葫芦

No.21

每日适用量：80 ~ 100 克
热量：约 75 千焦 /100 克

· 减脂功效 ·

西葫芦含有多种维生素和矿物质，如维生素 C、维生素 A、钾和镁等。这些营养物质对于维持身体健康和促进新陈代谢都非常重要，有助于在减脂过程中保持营养均衡。

· 减脂吃法 ·

将西葫芦切片，与鸡蛋一起炒制。可以选择使用少量橄榄油或植物油，避免过多的油脂摄入。这道菜既美味又营养，适合作为减脂期间的晚餐菜品。

肉类

鸡肉

No.1

每日适用量：80 克
热量：约 427 千焦 /100 克

· 减脂功效 ·

鸡肉含有丰富的蛋白质，这是身体修复和生长所必需的基本物质。蛋白质不仅有助于维持肌肉质量，还能增加饱腹感，减少对其他高热量食物的渴望，从而有助于控制总热量的摄入。

其次，鸡肉脂肪含量相对较低，尤其是与红肉相比。选择去皮鸡胸肉等低脂部位，可以进一步降低脂肪摄入。低脂饮食有助于减少体内脂肪的堆积，是减脂过程中的重要一环。

· 减脂吃法 ·

将煮熟的鸡肉撕成丝状，与新鲜的生菜、黄瓜、西红柿等蔬菜混合，加入少量低脂沙拉酱调味。这样的沙拉既美味又营养丰富，同时热量低，非常适合作为减脂期间的午餐或晚餐。

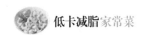

No.2 兔肉

每日适用量：80 克
热量：约 427 千焦 /100 克

·减脂功效·

兔肉的脂肪含量相对较低，每 100 克兔肉中只含有约 2 克脂肪，而且多为不饱和脂肪酸，这种健康的脂肪有助于降低胆固醇水平，防止脂肪在体内堆积。兔肉蛋白质含量高，每 100 克兔肉中含有约 21 克蛋白质，这种高质量的蛋白质有助于维持肌肉质量。

·减脂吃法·

将煮熟的兔肉撕成丝状，加入适量的盐、醋、生抽、蒜末和香菜末等调料，拌匀即可。这种做法口感清爽，适合夏天食用。

No.3 牛肉

每日适用量：80 克
热量：约 523 千焦 /100 克

·减脂功效·

牛肉是蛋白质含量较高的肉类，且蛋白质的质量较好，属于优质蛋白食物。牛肉中的脂肪含量相对较低，特别是选择瘦肉部位时。牛肉中还富含多种维生素和矿物质，如 B 族维生素、铁、锌等。这些营养物质对于维持身体健康和促进新陈代谢都非常重要。新陈代谢的提高有助于身体更有效地燃烧热量，从而有助于减脂。

·减脂吃法·

在烹饪牛肉时，建议采用清蒸、炖煮、烤制等低脂烹饪方式，避免油炸或爆炒等烹饪方式。同时，为了保持牛肉的营养价值，建议不要过度烹饪，以免破坏其中的蛋白质等营养成分。

No.4 鸽肉

每日适用量：60 克
热量：约 841 千焦 /100 克

· 减脂功效 ·

鸽肉属于低脂、高蛋白质的肉类，每 100 克鸽肉中蛋白质含量约为 25 克。鸽肉中含有丰富的 B 族维生素，还含有多种矿物质，如铁、锌、铜等，特别是铁，是人体必需的重要矿物质之一，有助于促进血红蛋白的合成，提高免疫力等。

· 减脂吃法 ·

将鸽子洗净后切块，入沸水中汆水煮沸后捞出，热锅加油，放入葱、姜、蒜炒香后加入鸽子块翻煮片刻，加入适量的清水，煮开后转小火炖煮 30 分钟左右，最后加入盐和鸡精调味。

水产类

No.1 鲫鱼

每日适用量：50 克
热量：约 452 千焦 /100 克

· 减脂功效 ·

鲫鱼富含优质蛋白质，每 100 克鲫鱼含有约 17 克蛋白质，这对于维持肌肉质量、促进肌肉生长非常有帮助。在减脂期间，保持足够的蛋白质摄入有助于防止肌肉流失，同时还可促进脂肪的燃烧。

· 减脂吃法 ·

将鲫鱼与嫩豆腐一同炖煮成汤，不仅口感鲜美，而且营养价值高。鲫鱼的蛋白质和豆腐的钙质相互补充，有助于增强体力。同时，豆腐的饱腹感较强，有助于控制食欲。在炖煮过程中，可以加入姜片、葱段提味，最后根据个人口味加入盐和胡椒粉调味。

 **No.2 鳝鱼**

每日适用量：120 克
热量：约 372 千焦 /100 克

减脂功效

鳝鱼富含高质量的蛋白质、卵磷脂以及 DHA，这些营养物质对于提高免疫力、补充身体所需营养具有重要作用。而且，鳝鱼的脂肪主要是不饱和脂肪酸，在降低低密度脂蛋白胆固醇、促进人体内分泌平衡等方面有积极的影响。

减脂吃法

清蒸是一种非常健康的烹饪方式，能够保留鳝鱼的原汁原味，同时避免过多的油脂摄入。在清蒸前，可以用料酒、姜片、葱段等腌制一下鳝鱼，以去除腥味，蒸好后，可以撒上葱花、香菜等增加口感。

No.3 鳕鱼

每日适用量：80 克
热量：约 368 千焦 /100 克

减脂功效

鳕鱼富含维生素 A、维生素 D、钙、镁、硒等多种营养素，这些物质对于维持身体健康、促进新陈代谢都有重要作用。特别是鳕鱼中的镁元素，对心血管系统有很好的保护作用。

减脂吃法

将鳕鱼块洗净，抹上一层盐、料酒和黑胡椒碎，倒入部分橄榄油，涂抹均匀。平底锅加热，倒入剩余的橄榄油，将鳕鱼块放入锅中煎香，煎至两面金黄，可以加入一些白兰地提升风味。出锅前，挤一些柠檬汁增加口感。

金枪鱼

每日适用量：50 克
热量：约 829 千焦 /100 克

· 减脂功效 ·

金枪鱼属于低糖、低脂肪、低热量的食物，金枪鱼富含不饱和脂肪酸和牛磺酸，这些物质能有效降低血液中的脂肪含量，有助于防止动脉硬化和降低胆固醇。此外，金枪鱼中的 DHA 和 DPA 成分能够减少血液中的脂肪，利于肝细胞的再生，对保护肝脏功能具有积极作用。

· 减脂吃法 ·

将金枪鱼、圣女果、甜豆荚、洋葱、玉米粒、鸡蛋、生菜和奶酪混合，调入橄榄油、沙拉酱和柠檬汁拌匀。这种沙拉既美味又营养丰富，适合作为减脂期间的午餐或晚餐。

三文鱼

每日适用量：50 克
热量：约 556 千焦 /100 克

· 减脂功效 ·

三文鱼含有丰富的 Ω-3 脂肪酸，这是一种不饱和脂肪酸，对人体健康非常有益。它有助于促进新陈代谢，减少体内脂肪的积累，并促进体内脂肪的分解，有降脂、降胆固醇的作用。此外，Ω-3 脂肪酸还有助于加强心血管功能，维持体内钾、钠平衡，对身体健康有诸多益处。

· 减脂吃法 ·

准备去皮三文鱼一块，用厨房纸擦干，撒上适量的海盐、黑胡椒和几滴柠檬汁，腌制十分钟。由于三文鱼本身富含油脂，煎制时无需额外放油，锅稍微加热后，放入三文鱼，煎制到两面金黄即可。

No.6 牡蛎

每日适用量：2 ~ 3 个
热量：约 305 千焦 /100 克

· 减脂功效 ·

牡蛎中含有牛磺酸等有益成分，这些成分在医学界被认为具有益智健脑、降脂减脂、促进胆固醇分解的作用。

· 减脂吃法 ·

牡蛎的热量相对较低，这使得它成为减脂期间的理想食物。低热量食物有助于控制总热量摄入，从而有助于减轻 体重。

水果类

No.1 苹果

每日适用量：100 ~ 150 克
热量：约 217 千焦 /100 克

· 减脂功效 ·

苹果中的多种维生素和矿物质有助于促进身体的新陈代谢，加速脂肪的分解和燃烧。此外，苹果中的有机酸能够刺激胃液的分泌，帮助消化食物，减少脂肪的堆积。苹果是低热量的水果，同时富含多种维生素和矿物质，如维生素C、维生素A、钾、膳食纤维等。

· 减脂吃法 ·

将苹果洗净切块，与其他蔬菜如生菜、紫甘蓝、胡萝卜等混合在一起，加入适量的沙拉酱或橄榄油和柠檬汁调味。这样的沙拉既美味又营养，还富含膳食纤维，有助于增加饱腹感，减少其他高热量食物的摄入。

No.2 樱桃

每日适用量：80 克
热量：约 192 千焦 /100 克

· 减脂功效 ·

樱桃中的 β-胡萝卜素、花青素等物质对健康有益，它们不仅具有抗氧化功能，还有助于改善视力。樱桃的热量相对较低，这使得它成为减脂期间理想的零食。

· 减脂吃法 ·

樱桃可以直接作为零食食用，也可以将樱桃与蔬菜、坚果等食材混合制成沙拉，既美味又健康。樱桃的酸甜口感与蔬菜的清爽相得益彰，同时坚果提供了健康的脂肪和蛋白质，有助于增加饱腹感，减少对其他高热量食物的摄入。

No.3 草莓

每日适用量：100 ~ 150 克
热量：约 125 千焦 /100 克

· 减脂功效 ·

草莓富含纤维素，这种物质可以增加饱腹感，有助于控制饮食量，避免过度进食。同时，纤维素还能促进消化和排便，帮助减轻胃肠道负担，对于改善便秘等消化问题也有一定的帮助。

· 减脂吃法 ·

草莓的热量低且营养丰富，可以直接作为零食食用。每天适量食用新鲜的草莓，既可以满足口腹之欲，又能摄入丰富的维生素、矿物质和纤维素，帮助增加饱腹感，减少其他高热量食物的摄入。

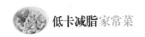

No.4 柚子

每日适用量：50 克
热量：约 172 千焦 /100 克

· 减脂功效 ·

首先，柚子富含膳食纤维，这种物质可以增加饱腹感，有助于控制饮食量，减少对其他食物的摄入。其次，柚子含有丰富的维生素和矿物质，如维生素 C、钙、磷等，对身体健康有益，同时也能够抑制食物的摄入，有助于减脂。此外，柚子中的果酸以及多种矿物质也有助于促进脂肪分解，提高减脂效果。

· 减脂吃法 ·

最简单的吃法就是剥皮后直接食用柚子果肉。这样不仅可以保留柚子的原汁原味，还能充分摄入其中的膳食纤维和维生素，有助于增加饱腹感，控制食欲。也可将柚子果肉切成小块，与其他水果或蔬菜混合，制作成柚子沙拉。

No.5 番石榴

每日适用量：200 克
热量：约 172 千焦 /100 克

· 减脂功效 ·

番石榴是一种低热量食物，每 100 克番石榴的热量相对较低，这有助于控制总热量的摄入，从而支持减脂目标。同时，番石榴富含膳食纤维，这种物质有助于促进肠道蠕动，增加饱腹感，减少对其他高热量食物的渴望，有助于控制体重。番石榴中含有维生素 C、抗氧化剂等成分，这些物质具有促进新陈代谢的作用。

· 减脂吃法 ·

番石榴口感鲜美，可以直接剥皮后食用。每天适量食用，不仅可以满足口腹之欲，还能获得丰富的维生素和矿物质，帮助增加饱腹感，减少对其他高热量食物的摄入。也可将番石榴切块与酸奶混合，制作成番石榴酸奶或者榨成番石榴汁。

其他类

① 橄榄油

每日适用量：20 毫升
热量：约 3760 千焦 /100 克

· 减脂功效 ·

橄榄油含有较高比例的不饱和脂肪酸，特别是单不饱和脂肪酸有助于改善胰岛素敏感性，降低血糖波动，减少因血糖波动导致的饥饿感，有利于控制饮食摄入，辅助减脂。

· 减脂吃法 ·

橄榄油是制作凉拌菜的理想选择。将橄榄油与柠檬汁、醋、蒜末等调料混合，淋在蔬菜、水果或海鲜上，既美味又健康。另外，使用橄榄油替代部分其他油脂进行炒菜，可以减少饱和脂肪酸的摄入，同时增加不饱和脂肪酸的摄入。

② 生姜

每日适用量：10 克
热量：约 2357 千焦 /100 克

· 减脂功效 ·

生姜含有姜辣素，这是一种刺激性物质，进入人体后容易刺激人体，使人体发热出汗，加速人体的新陈代谢速度。这种新陈代谢的加速在一定程度上能够燃烧人体内多余的能量，有助于减脂。

· 减脂吃法 ·

将生姜切片或捣碎后，用温开水冲泡，可加入蜂蜜调味，早晨空腹饮用，有助于促进肠胃蠕动，加速新陈代谢。将生姜切片或切丁，与红茶一起冲泡，不仅具有生姜的辛辣味道，还有红茶的香醇口感，两者结合可以更好地促进脂肪燃烧。

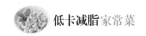

低卡减脂家常菜

No.3 大蒜

每日适用量：3瓣
热量：约527千焦/100克

· 减脂功效 ·

　　首先，大蒜中的蒜氨酸可以与人体内的碱性物质结合，帮助排出体内多余的水分，从而减轻因水分过多造成的肥胖。其次，大蒜能够促进人体新陈代谢，这有助于排出体内的毒素，减少因毒素堆积而形成的肥胖。此外，大蒜中的膳食纤维有助于促进胃肠道蠕动，进一步促进消化和排泄，对减脂也有积极的影响。

· 减脂吃法 ·

　　生吃是最简单直接的吃法。大蒜含有大蒜素等有益成分，生吃可以最大限度地保留这些营养成分。建议将大蒜捣碎或切片后放置一段时间，待其氧化后食用，因为此时大蒜素的含量更高。

No.4 醋

每日适用量：10毫升
热量：约130千焦/100毫升（白醋）

· 减脂功效 ·

　　醋中含有丰富的氨基酸和某些酵解酶类，这些成分有助于促进肠道的蠕动，润肠通便，从而起到降低体重的作用。此外，醋还能排尽肠腔内和大肠内的宿便，进一步辅助减脂。同时，醋中的酵解酶对于脂肪的消化和燃烧也有积极效果。

· 减脂吃法 ·

　　将冰糖捣碎放入瓶中，倒入香醋浸泡至溶化。每日3次，每次饭后服用10毫升。这种方法有助于减脂瘦身和消食降压。将花生米洗净晾干，放入瓶中，倒入香醋密封，浸泡7~10天后食用。每日早餐前吃10~15粒，连续3个月。此方法能够清血脂、祛脂肪，有助于减轻体重。

低卡减脂家常菜烹饪技巧

低卡减脂家常菜烹饪时，需要掌握一些关键的技巧，以确保菜肴既美味又符合减脂要求。以下是一些建议：

▲ 食材选择和处理

选择低脂、高纤维食材：如鸡胸肉、瘦牛肉、鱼类、蔬菜等，它们既能提供必要的营养，又有助于控制热量摄入。

食材预处理：肉类可以先用少量盐、料酒或柠檬汁腌制，去除腥味的同时增加风味。蔬菜可以洗净切好，根据烹饪方式进行适当处理。

▲ 烹饪方式

蒸、煮、烤为主：这些烹饪方式能最大限度地保留食物的营养和口感，同时减少油脂的摄入。比如，可以选择蒸鱼、煮鸡胸肉、烤蔬菜等。

避免油炸：油炸食物虽然香脆可口，但热量极高，不利于减脂。尽量使用不粘锅进行少油烹饪，或者使用橄榄油、亚麻籽油等健康油脂。

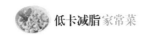

▲ 调味料使用

低盐、低糖：使用低盐酱油、低糖调味料，或者自制调味料，如用醋、柠檬汁、香料等代替部分盐分和糖分。

善用天然香料：如蒜、姜、葱、香菜等，它们不仅能增加食物的风味，还能帮助减少其他调味料的用量。

▲ 烹饪技巧

控制火候和时间：火候要适中，避免食物过度加热导致营养流失和口感变差。同时，尽量减少烹饪时间，保留食物的原汁原味。

食物搭配：将肉类与蔬菜搭配烹饪，既保证营养的全面摄入，又能增加饱腹感。例如，可以尝试鸡肉炒蔬菜、牛肉炖萝卜等搭配方式。

▲ 餐具与进食方式

使用小盘子：小盘子有助于控制食量，避免过量进食。

细嚼慢咽：慢慢品尝食物，让身体有足够的时间感受到饱腹感，从而避免过度进食。

每日带量食谱推荐

营养丰富的 早餐

早餐是一天中的第一餐，能够补充人体前一晚所消耗的能量。

荞麦猫耳面

原料：

荞麦粉 300 克，彩椒 60 克，胡萝卜、黄瓜各 80 克，西红柿 85 克

调料：

盐、鸡粉各 4 克，鸡汁 8 克

做法

1. 彩椒、黄瓜、胡萝卜、西红柿切粒。
2. 荞麦粉装入碗中，放入适量盐、鸡粉和水拌匀，揉成面团，挤成猫耳面剂子，摘下，制成猫耳面生坯。
3. 锅中注水烧开，倒入鸡汁搅匀，放入切好的蔬菜粒。
4. 加入盐、鸡粉，搅匀，用大火煮 2 分钟，再放入猫耳面，煮熟盛出即可。

能量计算

热量约 4524.6 千焦
碳水化合物 214.6 克
蛋白质 32.1 克
脂肪 8.7 克

菠菜鸡蛋饼

原料：

菠菜120克，鸡蛋2个，面粉90克，虾皮30克，葱花少许

调料：

芝麻油3毫升，盐、食用油各适量

做法

1.择洗干净的菠菜切成粒；鸡蛋打入碗中，打散调匀。

2.锅中注水烧开，倒入菠菜，加入少许食用油，拌匀，倒入虾皮，煮至沸，捞出沥干。

3.将菠菜和虾皮倒入蛋液中，搅拌匀。

4.加入少许盐、葱花，放入面粉，用筷子搅拌匀，再淋入芝麻油，搅匀。

5.煎锅中倒入食用油烧热，放入混合好的蛋液摊成饼状，煎至两面金黄。

6.取出煎好的蛋饼，切成扇形，装入盘中即可。

能量计算

热量约 2461.8 千焦
碳水化合物 75.2 克
蛋白质 35.7 克
脂肪 15.2 克

彩色饭团

原料：

草鱼肉120克，黄瓜60克，胡萝卜80克，米饭150克，黑芝麻少许

调料：

盐2克，鸡粉1克，芝麻油7毫升，水淀粉、食用油各适量

做法

1. 洗净的胡萝卜、黄瓜分别切粒；草鱼肉切成丁；黑芝麻炒香，备用。
2. 鱼丁装入碗中，加入盐、鸡粉、水淀粉、少许食用油，拌匀，腌渍约10分钟。
3. 开水锅中加盐、食用油，分别将胡萝卜、黄瓜、鱼肉煮片刻后捞出。
4. 碗中倒入米饭、煮好的食材，加盐、芝麻油、黑芝麻，拌匀，做成数个小饭团，摆好盘即可。

能量计算

热量约 1539.2 千焦
碳水化合物 47.6 克
蛋白质 25.1 克
脂肪 8 克

炝炒生菜

原料：

生菜200克

调料：

盐、鸡粉各2克，食用油适量

做法

1. 将洗净的生菜切成片，装入盘中，待用。
2. 锅中注入适量食用油，烧热。
3. 放入切好的生菜，将生菜快速翻炒至熟软。
4. 加入盐、鸡粉，炒匀调味，将炒好的生菜盛出，装盘即可。

能量计算

热量约187.4 千焦
碳水化合物 4.2 克
蛋白质 2.8 克
脂肪 1.8 克

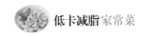

蒜末空心菜

原料：

空心菜300克，蒜末少许

调料：

盐、鸡粉各2克，食用油少许

做法

1. 洗净的空心菜切成小段，装入盘中，待用。
2. 用油起锅，放入蒜末爆香，倒入空心菜，炒至变软。
3. 转中火，加入盐、鸡粉，翻炒片刻，至食材入味。
4. 关火后盛出炒好的食材，装入盘中即可。

能量计算

热量约 368 千焦
碳水化合物 10.8 克
蛋白质 6.6 克
脂肪 1.9 克

白果炒苦瓜

原料：

苦瓜130克，白果50克，彩椒40克，蒜末、葱段各少许

调料：

盐、水淀粉、食用油各适量

做法

1. 将洗净的彩椒切小块；苦瓜去瓤，切成小块。
2. 锅中注水烧开，倒入苦瓜，加入少许盐拌匀，煮约1分钟，放入洗净的白果。
3. 续煮片刻，至全部食材断生后捞出，沥干水分，待用。
4. 用油起锅，放入蒜末、葱段，爆香，倒入切好的彩椒，翻炒匀。
5. 放入焯好的食材，快速翻炒片刻，加入适量盐，炒匀调味。
6. 倒入适量水淀粉，翻炒至食材熟透、入味，关火盛出即可。

能量计算

热量约 982.7 千焦
碳水化合物 45.2 克
蛋白质 8.4 克
脂肪 1.9 克

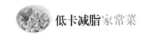

菌菇烧菜心

原料：
杏鲍菇50克，鲜香菇30克，菜心95克

调料：
盐、鸡粉各2克，生抽、料酒各4毫升

能量计算
热量约353.5千焦
碳水化合物9.5克
蛋白质9.9克
脂肪0.6克

做法

1. 将洗净的杏鲍菇切成小块。
2. 锅中注水烧开，加入料酒，倒入杏鲍菇、香菇，拌匀。
3. 略煮一会儿，捞出食材，沥干水分，待用。
4. 锅中注水烧热，倒入焯好的食材，煮至食材熟软。
5. 加入盐、生抽、鸡粉，拌匀，放入菜心，拌匀，煮至变软。
6. 关火后盛出锅中的食材即可。

煮苹果

能量计算
热量约 625.3 千焦
碳水化合物 35.1 克
蛋白质 0.5 克
脂肪 0.5 克

原料：

苹果260克

做法

1. 将洗净的苹果取果肉，改切小块。
2. 砂锅中注水烧开，倒入苹果块，轻轻搅散。
3. 中火煮至其析出营养物质，转大火，搅拌几下。
4. 关火后盛出煮好的苹果，装在碗中即可。

柠檬彩蔬沙拉

原料：

生菜60克，柠檬20克，黄瓜、胡萝卜各50克，酸奶50毫升

做法

1. 择洗好的生菜用手撕成小段，放入碗中。
2. 洗净去皮的胡萝卜、黄瓜分别切成丁，柠檬切薄片。
3. 锅中注水烧开，倒入胡萝卜，煮至断生，捞出，沥干水分待用。
4. 将黄瓜丁、胡萝卜丁倒入生菜碗中，搅拌匀。
5. 取一个盘子，摆上柠檬片，倒入拌好的食材，浇上酸奶即可。

能量计算

热量约 352.7 千焦
碳水化合物 13 克
蛋白质 3.2 克
脂肪 2 克

香菇烤芦笋

原料：

芦笋350克，新鲜香菇300克，蒜5瓣

调料：

盐2克，橄榄油15毫升，黑胡椒适量

做法

1. 芦笋去除根、皮；香菇去蒂切片；蒜切成蒜末。

2. 预热烤箱至190℃，把芦笋平铺在铺上了锡纸的烤盘上，撒上盐、黑胡椒和一半蒜末，淋上10毫升橄榄油，放入烤箱烤6分钟，中途翻面一次。

3. 平底锅中火加热，加入香菇片和剩余蒜末，加盖干蒸，中途需翻面，待香菇微缩但未出水时，加入盐、黑胡椒和剩余橄榄油翻搅。

4. 取出芦笋，放入长盘，再放上香菇即可。

能量计算

热量约 1508.1 千焦
碳水化合物 39.7 克
蛋白质 12.6 克
脂肪 16.3 克

金针菇拌豆干

原料：

金针菇85克，豆干165克，彩椒20克，蒜末少许

调料：

盐、鸡粉各2克，芝麻油6毫升

做法

1. 洗净的金针菇切去根部，彩椒切细丝，豆干切粗丝，备用。
2. 烧开水的锅中倒入豆干，拌匀，略煮一会儿，捞出，沥干水分备用。
3. 另起锅，注入适量清水烧开，倒入金针菇、彩椒，拌匀，煮至断生。
4. 取一个大碗，倒入金针菇、彩椒，放入豆干，拌匀。
5. 撒上蒜末，加入盐、鸡粉、芝麻油，拌匀。
6. 将拌好的菜肴装入碗中即成。

能量计算

热量约 1392.7 千焦
碳水化合物 25.4 克
蛋白质 29 克
脂肪 12.3 克

承上启下的午餐

　　午餐是一日三餐中极为重要的一餐，起着承上启下的作用。营养丰富的午餐，是能量的主要补充，可使人精力充沛，有助于提高学习和工作效率。

小米山药饭

原料：

水发小米 30 克，水发大米、山药各 50 克

做法

1. 将洗净去皮的山药切小块。
2. 备好电饭锅，打开盖，倒入山药块。
3. 放入洗净的小米和大米，注入适量清水，搅匀。
4. 盖上盖，按功能键，调至"五谷饭"，煮至食材熟透。
5. 断电后揭盖，盛出煮好的山药饭即可。

能量计算

热量约 1329.9 千焦
碳水化合物 67.7 克
蛋白质 7.4 克
脂肪 1.4 克

香浓牛奶炒饭

原料：

米饭200克，青豆50克，玉米粒45克，洋葱35克，火腿55克，胡萝卜40克，牛奶80毫升，高汤120毫升

调料：

盐、鸡粉各2克，食用油适量

做法

1. 洗净的洋葱、胡萝卜切成粒；火腿切条，再切成粒。
2. 锅中注水烧热，倒入青豆、玉米粒，焯片刻，捞出待用。
3. 热锅注油烧热，倒入焯好的食材，再倒入胡萝卜、洋葱、火腿，快速翻炒。
4. 倒入米饭，翻炒至松散，注入牛奶、高汤，翻炒出香味。
5. 加入盐、鸡粉，炒匀调味，将炒好的饭盛出即可。

能量计算

热量约 3029.8 千焦
碳水化合物 98.2 克
蛋白质 37.4 克
脂肪 19.1 克

手捏菜炒茭白

原料：

小白菜120克，茭白85克，彩椒少许

调料：

盐3克，鸡粉2克，料酒4毫升，水淀粉、食用油各适量

做法

1.洗净的小白菜放入盘中，撒上适量盐，腌渍至其变软，切长段。
2.洗净的茭白、彩椒切粗丝，备用。
3.用油起锅，倒入茭白，炒出水分，放入彩椒丝，加入少许盐、料酒，炒匀。
4.倒入切好的小白菜，炒至食材变软，加入鸡粉调味。
5.用水淀粉勾芡，关火后盛出炒好的菜肴即可。

能量计算

热量约 251.6 千焦
碳水化合物 8.3 克
蛋白质 2.8 克
脂肪 1.7 克

松仁菠菜

能量计算

热量约 1486 千焦
碳水化合物 16.4 克
蛋白质 11.7 克
脂肪 26.5 克

原料：

菠菜270克，松仁35克

调料：

盐3克，鸡粉2克，食用油15毫升

做法

1. 将洗净的菠菜切三段。
2. 锅中注油，放入松仁，用小火翻炒至香味飘出。
3. 关火后盛出炒好的松仁，加入少许盐，拌匀待用。
4. 锅留底油，倒入切好的菠菜，翻炒至熟。
5. 加入盐、鸡粉，炒匀，盛出炒好的菠菜。
6. 撒上拌好盐的松仁即可。

小南瓜炒鸡蛋

能量计算

热量约 2118.4 千焦
碳水化合物 21.4 克
蛋白质 15.8 克
脂肪 39.2 克

原料：

小南瓜350克，鸡蛋2个

调料：

食用油30毫升，盐、鸡粉各3克，水淀粉少许

做法

1. 将洗净的南瓜切成丝；鸡蛋打入碗中，加盐调匀。
2. 热锅注油，烧至五成热，倒入蛋液，翻炒片刻，盛入碗中。
3. 锅中加入少许油，倒入南瓜丝，翻炒约1分钟。
4. 加入盐、鸡粉，倒入鸡蛋，翻炒片刻。
5. 加入少许水淀粉勾芡，将炒好的菜肴装入碗中即可。

葱椒鱼片

原料：

草鱼肉200克，鸡蛋清适量，葱花少许

调料：

盐、鸡粉、生粉各2克，芝麻油7毫升，花椒、食用油各适量

做法

1. 用油起锅，倒入花椒，用小火炸香，盛出炒好的花椒，待用。
2. 洗好的草鱼肉去除鱼皮，斜刀切片，将肉片装入碗中，加入盐、鸡蛋清，拌匀。
3. 加少许生粉，拌匀，腌渍约15分钟，至其入味，备用。
4. 将花椒、葱花剁碎，制成葱椒料，装入碗中，再加入盐、鸡粉、芝麻油，制成味汁。
5. 锅中注水烧开，放入鱼片，拌匀，用大火煮至熟透。
6. 将鱼肉捞出装盘，摆放好，浇上味汁即成。

能量计算

热量约 1517.3 千焦
碳水化合物 3.1 克
蛋白质 44.8 克
脂肪 18.5 克

清味黄瓜鸡汤

原料：

黄瓜、鸡胸肉末各100克，姜末、蒜末各少许

调料：

盐、鸡粉各2克，胡椒粉少许，料酒、水淀粉各适量

做法

1. 将洗净的黄瓜切片，切条，切小块。
2. 将鸡胸肉末装于碗中，放少许盐、鸡粉、胡椒粉、料酒。
3. 加入姜末、蒜末、水淀粉，拌匀，腌渍入味，捏成丸子，装盘待用。
4. 取电解养生壶，加清水至 0.7 升水位线，通电烧水。
5. 待水烧开，放入黄瓜块、丸子生坯，选定"煲汤"功能，煮至材料熟透。
6. 揭盖，放盐、鸡粉，拌匀调味，断电取下水壶，将汤料装入碗中即可。

能量计算

热量约 632.8 千焦
碳水化合物 5.4 克
蛋白质 20.2 克
脂肪 5.2 克

菌菇鸽子汤

原料：

鸽子肉400克，蟹味菇80克，香菇75克，姜片、葱段各少许

调料：

盐、鸡粉各2克，料酒8毫升

做法

1. 将处理好的鸽肉洗净、斩成小块，放入开水锅中，淋入料酒提味，煮约半分钟，捞出。
2. 砂锅注水烧开，倒入鸽肉、姜片，淋入料酒。
3. 烧开后炖约20分钟，至肉质变软；倒入蟹味菇、香菇，搅匀。
4. 用小火续煮约15分钟，至食材熟透；加少许鸡粉、盐，调味，续煮一会儿，至汤汁入味。
5. 盛出鸽子汤，撒上葱段即可。

能量计算

热量约 2356 千焦
碳水化合物 6.5 克
蛋白质 91 克
脂肪 18.4 克

蒜末油麦菜

原料：

油麦菜 220 克，蒜末少许

调料：

盐、鸡粉各 2 克，食用油适量

能量计算

热量约 191.1 千焦
碳水化合物 4.6 克
蛋白质 2.4 克
脂肪 1.9 克

做法

1. 洗净的油麦菜从菜梗处切开，改切条形，备用。
2. 用油起锅，倒入蒜末，爆香，放入油麦菜，用大火快炒。
3. 注入少许清水，炒匀，加入盐、鸡粉。
4. 翻炒一会儿，至食材入味。
5. 关火后盛出炒好的菜肴，装入盘中即可。

南瓜清炖牛肉

能量计算

热量约 1649.8 千焦
碳水化合物 18.4 克
蛋白质 62.6 克
脂肪 7.2 克

原料：

牛肉块300克，南瓜块280克，葱段、姜片各少许

调料：

盐2克

做法

1. 砂锅中注入适量清水烧开，倒入洗净的南瓜块。
2. 倒入牛肉块、葱段、姜片，搅拌均匀。
3. 盖上盖，用大火烧开后转小火炖煮至食材熟透。
4. 揭开盖，加入盐，拌匀调味，撇去浮沫。
5. 盛出煮好的汤，装碗即可。

四宝鳕鱼丁

原料：

鳕鱼肉200克，胡萝卜150克，豌豆100克，玉米粒90克，鲜香菇50克，姜片、蒜末、葱段各少许

调料：

料酒5毫升，盐、鸡粉、水淀粉、食用油各适量

做法

1. 胡萝卜、香菇切丁；鳕鱼肉切丁装碗，放入盐、鸡粉、水淀粉、食用油，拌匀腌渍入味。

2. 锅中注水烧热，加入少许盐、鸡粉、食用油，倒入豌豆、胡萝卜丁、香菇丁、玉米粒，搅匀，焯至断生，捞出，待用。

3. 锅中注油，将鳕鱼丁炒至变色，捞出待用；另起锅注油，放入姜片、蒜末、葱段，爆香，倒入焯好的食材和鳕鱼丁。

4. 加盐、鸡粉，淋入料酒、水淀粉，炒熟后盛出即可。

能量计算

热量约 3073.1 千焦
碳水化合物 103.1 克
蛋白质 67.3 克
脂肪 4.6 克

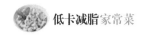

清淡可口的*晚餐*

晚餐并非越丰富越好，如果摄入过多滋补、油腻的食物，不仅血糖值会居高不下，而且血中氨基酸的浓度也会升高，会增加糖尿病并发冠心病、高血压等疾病的风险。

莲藕西蓝花菜饭

原料：

去皮莲藕 80 克，水发大米 150 克，西蓝花 70 克

做法

1. 洗净去皮的莲藕切丁，西蓝花切小块。
2. 热锅中倒入莲藕丁，翻炒数下，放入泡好的大米，翻炒至大米水分收干。
3. 注入适量清水搅匀，加盖，大火煮开后转小火焖煮至食材熟透。
4. 揭盖，倒入切好的西蓝花搅匀，续焖 10 分钟至食材熟软、水分收干。
5. 关火后盛出莲藕西蓝花菜饭即可。

能量计算

热量约 2591.6 千焦
碳水化合物 133 克
蛋白质 15.5 克
脂肪 1.8 克

香菇肉糜饭

原料：

米饭120克，牛肉100克，鲜香菇30克，即食紫菜少许，高汤250毫升

调料：

盐少许，生抽2毫升，食用油适量

能量计算

热量约 1261.7 千焦
碳水化合物 34.9 克
蛋白质 28.7 克
脂肪 4.8 克

做法

1. 把洗净的香菇切片，改切成粒；牛肉剁成碎末。
2. 用油起锅，倒入牛肉末，炒至松散变色，倒入香菇丁，翻炒均匀。
3. 注入高汤，搅拌几下，使食材散开，加入生抽、盐。
4. 用中火煮片刻至盐分溶化，倒入备好的米饭，搅散，拌匀。
5. 转大火续煮片刻，关火后将牛肉饭装在碗中，撒上即食紫菜即成。

奶味软饼

原料：

鸡蛋1个，牛奶150毫升，面粉100克，黄豆粉80克

调料：

盐少许，食用油适量

做法

1. 锅中注水烧热，倒入牛奶、盐和黄豆粉，搅成糊状，打入鸡蛋，搅散，制成鸡蛋糊，盛出。
2. 将面粉倒入碗中，放入鸡蛋糊，搅拌匀，制成面糊，注入适量清水，搅拌均匀，静置待用。
3. 平底锅烧热，注入食用油，取少许面糊，放入锅中，用木铲压平，煎片刻，再倒入剩余面糊，压平，制成饼状，翻动面饼，转动平底锅，煎香。
4. 将面饼翻面，煎至两面熟透，关火盛出即可。

能量计算

热量约 3698.7 千焦
碳水化合物 110.2 克
蛋白质 48.5 克
脂肪 26.3 克

水果豆腐沙拉

原料：

橙子40克，日本豆腐70克，猕猴桃30克，圣女果25克，酸奶30毫升

能量计算

热量约 387.5 千焦
碳水化合物 16 克
蛋白质 4 克
脂肪 1.3 克

做法

1. 将日本豆腐去除外包装，切成棋子块。
2. 分别将洗好的猕猴桃、圣女果、橙子切成片。
3. 锅中注水，用大火烧开，放入豆腐，煮至其熟透。
4. 把煮好的日本豆腐捞出，装入盘中。
5. 把切好的水果放在豆腐块上，淋上酸奶即可。

虾菇油菜心

原料：

小油菜100克，鲜香菇60克，虾仁50克，姜片、葱段、蒜末各少许

调料：

盐、鸡粉各3克，料酒3毫升，水淀粉、食用油各适量

做法

1. 香菇切片；虾仁挑去虾线，放少许盐、鸡粉、水淀粉和食用油，拌匀腌渍入味。
2. 锅中注水烧开，放入盐、鸡粉、小油菜，煮至断生捞出；放入香菇，煮半分钟捞出。
3. 用油起锅，放入姜片、蒜末、葱段，大火爆香，倒入香菇、虾仁，翻炒匀。
4. 淋入少许料酒，翻炒至虾身呈淡红色，加入盐、鸡粉调味，炒片刻至食材熟透。
5. 取一盘，摆上小油菜，盛出锅中食材，摆好盘即成。

能量计算

热量约278.9千焦
碳水化合物4.7克
蛋白质7.8克
脂肪1.7克

香菇拌扁豆

原料：

鲜香菇60克，扁豆100克

调料：

盐、鸡粉各4克，芝麻油4毫升，白醋、食用油各适量

做法

1. 开水锅中，加少许盐、食用油，放入洗净的扁豆，略煮片刻后捞出。
2. 香菇倒入沸水锅中，搅匀，煮半分钟，捞出。
3. 把放凉的香菇、扁豆切长条；香菇装入碗中，加适量盐、鸡粉、芝麻油，拌匀。
4. 将扁豆装入碗中，加入适量盐、鸡粉、白醋、芝麻油，拌匀。
5. 将拌好的扁豆装入盘中，再放上香菇即可。

能量计算

热量约 465.2 千焦
碳水化合物 11.3 克
蛋白质 4 克
脂肪 5.4 克

牛奶炒三丁

原料：

猪里脊肉170克，豌豆70克，红椒30克，蛋清75克，牛奶80毫升

调料：

盐、生粉各2克，料酒2毫升，食用油适量

做法

1.红椒切小块；猪肉剁碎，加适量盐、料酒拌匀，腌10分钟。

2.锅中注水烧开，倒入豌豆，加适量盐、食用油拌匀，再倒入红椒，煮至断生，捞出食材。

3.用油起锅，倒入猪里脊肉，炒至变色，关火后盛出待用。

4.牛奶倒入碗中，加少许盐、生粉拌匀，再倒入蛋清，拌匀，制成蛋奶液。

5.用油起锅，倒入蛋奶液，炒散，放入肉末、豌豆和红椒炒散，盛出即可。

能量计算

热量约 2553.6 千焦
碳水化合物 56.3 克
蛋白质 60.2 克
脂肪 15.1 克

蒸肉豆腐

原料：

鸡胸肉120克，豆腐100克，鸡蛋1个，葱末少许

调料：

盐、生粉各2克，生抽2毫升，食用油适量

做法

1. 用刀将洗净的豆腐压碎，剁成泥；鸡胸肉切成丁；鸡蛋打入碗中调匀。
2. 用榨汁机把鸡肉绞成肉泥，装盘备用。
3. 将鸡肉泥倒入碗中，加入蛋液、葱末，拌匀，再加入盐、生抽、生粉，搅拌均匀。
4. 豆腐泥装入碗中，加少许盐拌匀，倒入抹上少许食用油的碗中，加入蛋液鸡肉泥，抹平。
5. 把碗放入烧开的蒸锅中，用中火蒸熟即可。

能量计算

热量约 1366.5 千焦
碳水化合物 8.6 克
蛋白质 38 克
脂肪 15.1 克

莴笋炒瘦肉

原料：

莴笋200克，瘦肉120克，葱段、蒜末各少许

调料：

盐2克，鸡粉、白胡椒粉各少许，料酒3毫升，生抽4毫升，水淀粉、芝麻油、食用油各适量

做法

1. 将莴笋、瘦肉切丝。
2. 肉丝加入少许盐、料酒、白胡椒粉、生抽、水淀粉、食用油拌匀，腌渍一会儿，待用。
3. 用油起锅，倒入腌渍好的肉丝，炒匀，至其转色。
4. 撒上葱段、蒜末，炒出香味，倒入莴笋丝，炒匀炒透。
5. 加入少许盐，放入鸡粉，炒匀调味，注入少许清水，炒匀。
6. 用水淀粉勾芡，至食材熟透，淋入芝麻油，炒香，关火后盛入盘中，摆好盘即可。

能量计算

热量约 940.2 千焦
碳水化合物 7.4 克
蛋白质 26.4 克
脂肪 9.6 克

生菜鱼肉

原料：

鲮鱼500克，生菜200克，小葱2根，姜5克

调料：

生粉10克，芝麻油3毫升，胡椒粉3克，盐4克

做法

1.葱、姜切碎，生菜切丝；鲮鱼去头、骨，切成泥。

2.将鱼肉放入碗中，加入适量姜末、葱花、盐、生粉，拌匀，注入适量清水，拌匀。

3.鱼肉摔打至起胶，平铺在碟子上。

4.用筷子将鱼肉小块削进热水锅中，边煮边搅拌，当鱼肉呈条状并浮起后加入盐、胡椒粉，倒入生菜丝，转小火。

5.倒入芝麻油，适当搅拌一会儿，盛出装碗即可。

能量计算

热量约 2296.9 千焦
碳水化合物 8.2 克
蛋白质 95 克
脂肪 14.3 克

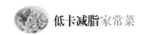

虾皮炒冬瓜

能量计算
热量约 526.4 千焦
碳水化合物 5.9 克
蛋白质 19.1 克
脂肪 2.7 克

原料:

冬瓜 170 克,虾皮 60 克,葱花少许

调料:

料酒、水淀粉各少许,食用油适量

做法

1. 将洗净去皮的冬瓜切片,再切粗丝,改切成小丁块,备用。
2. 锅内倒入适量食用油,放入虾皮,拌匀,淋入少许料酒,炒匀提味。
3. 放入冬瓜炒匀,注入少许清水,翻炒匀。
4. 盖上锅盖,用中火煮至食材熟透。
5. 揭开锅盖,倒入少许水淀粉,翻炒均匀。
6. 关火后盛出炒好的食材,装入盘中,撒上葱花即可。

红腰豆鲫鱼汤

能量计算

热量约 2202.2 千焦
碳水化合物 44.4 克
蛋白质 64.8 克
脂肪 9.1 克

原料：

鲫鱼300克，熟红腰豆150克，姜片少许

调料：

盐2克，料酒、食用油各适量

做法

1. 用油起锅，放入处理好的鲫鱼。
2. 注入清水，倒入姜片、红腰豆，淋入料酒。
3. 加盖，大火煮至食材熟透。
4. 揭盖，加入盐，稍煮片刻至入味。
5. 关火，将煮好的鲫鱼汤盛入碗中即可。

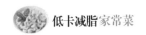

海带虾仁炒鸡蛋

能量计算
热量约 530.5 千焦
碳水化合物 5.5 克
蛋白质 20.3 克
脂肪 3.6 克

原料：

海带 85 克，虾仁 75 克，鸡蛋 3 个，葱段少许

调料：

盐 3 克，鸡粉 4 克，料酒 12 毫升，生抽、水淀粉各 4 毫升，食用油适量

做法

1. 海带切小块；虾仁去虾线，加料酒、盐、鸡粉、水淀粉拌匀腌 10 分钟。
2. 鸡蛋加少许盐、鸡粉搅匀，用油起锅，倒入蛋液，翻炒至凝固盛出备用。
3. 用油起锅，倒入虾仁翻炒至变色，加入海带，淋料酒、生抽，加鸡粉炒匀调味倒入炒好的鸡蛋翻炒，加入葱段，继续翻炒，盛出装盘即可。

黄豆芽木耳炒肉

能量计算
热量约 950.6 千焦
碳水化合物 6.8 克
蛋白质 28.5 克
脂肪 8.7 克

原料：

黄豆芽100克，猪瘦肉200克，水发木耳40克，蒜末、葱段各少许

调料：

盐4克，鸡粉2克，料酒10毫升，蚝油、食用油各适量

做法

1. 木耳切成小块；猪瘦肉切片，加入少许盐、鸡粉拌匀腌渍；木耳和黄豆焯水后捞出。
2. 用油起锅，倒入肉片快速翻炒至变色，放入蒜末、葱段，翻炒出香味。
3. 倒入焯过水的木耳和黄豆芽，淋入料酒，炒匀，加入适量盐、鸡粉、蚝油，炒匀调味，关火后盛出即可。

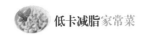

海带牛肉汤

原料：

牛肉 150 克，水发海带丝 100 克，姜片、葱段各少许

调料：

鸡粉 2 克，胡椒粉 1 克，生抽 4 毫升，料酒 6 毫升

能量计算

热量约 650.8 千焦
碳水化合物 6.5 克
蛋白质 25.7 克
脂肪 4.5 克

做法

1.牛肉切丁，将牛肉倒入沸水锅中，淋入料酒，将牛肉汆去血水待用。

2.锅中注入适量清水烧热，倒入牛肉丁，撒上姜片、葱段，淋入少许料酒，用中火煮 30 分钟至食材熟透。

3.倒入海带丝，转大火略煮一会儿，加入少许生抽、鸡粉，撒上适量胡椒粉，拌匀调味即成。

蛤蜊蒸蛋

原料：

蛤蜊300克，鸡蛋3个，姜片、葱段、葱花各少许

调料：

海鲜酱油、盐、香油各适量

做法

1. 将蛤蜊放入清水中，加盐、香油浸泡两小时，把沙子吐净。
2. 锅中加清水，倒入蛤蜊，加姜片、葱段，大火煮至蛤蜊张嘴，捞出装碗。
3. 鸡蛋打散，加入等量温水、适量盐搅匀，倒入装蛤蜊的盘子中，覆一层保鲜膜，凉水入蒸锅，大火烧开后转中火蒸10分钟，出锅撒葱花，淋少许海鲜酱油即可。

能量计算

热量约 950.6 千焦
碳水化合物 6.8 克
蛋白质 28.5 克
脂肪 8.7 克

PART 3

26天减脂饮食计划，塑造你的理想身材与生活方式

DAY 1

糙米荞麦稀饭

营养师说

好的开始是成功的一半。第一天用杂粮粥当主食过渡，搭配鸡胸肉、豆腐和丰富的蔬菜，蛋白质、维生素不能少，注意多喝水，开启元气满满的一天。

材料

荞麦 50 克，糙米 20 克

做法

1. 砂锅中注入适量清水，倒入备好的荞麦、糙米。盖上盖，用大火煮开后转小火煮 1 小时至食材熟透。

2. 关火后盛出煮好的稀饭，装入碗中即可。

热量 254 千卡

鸡胸肉和芦笋

材料

鸡胸肉 1 块，芦笋 100 克，豆角、西蓝花各 80 克，胡萝卜 50 克，青豆少许，盐、黑胡椒粉、料酒、橄榄油各适量

做法

1. 芦笋洗净，切开；西蓝花切小朵；胡萝卜切片；豆角洗净。
2. 鸡胸肉洗净，加盐、黑胡椒粉、料酒腌渍 15 分钟。
3. 平底锅开火，加少许橄榄油烧热，放入鸡胸肉，两面煎熟，捞出装盘。
4. 另起锅，放入清水烧开，放少许盐，放入芦笋、豆角、西蓝花、胡萝卜、青豆，煮熟，捞出装盘即可。

热量 365 千卡

豆腐拌炒蔬菜

材料

豆腐200克，玉米笋100克，虾仁80克，西红柿1个，青椒20克，香菜、盐各少许，水淀粉4毫升，生抽、老抽、食用油各适量

做法

1. 洗净的豆腐切小块；洗好的玉米笋切块；西红柿切小块。

2. 锅中注入适量清水烧开，放少许盐，倒入切好的玉米笋、豆腐，搅拌均匀，煮1分钟，捞出，沥干水分。

3. 锅中倒入适量食用油，放入豆腐，翻炒至稍呈黄色，加入虾仁、玉米笋、西红柿、青椒，翻炒均匀，加入适量清水，放入适量盐、生抽、老抽，翻炒均匀，放入水淀粉。

4. 关火后把炒好的食材盛出，装入盘中，撒上香菜即可。

热量
243千卡

DAY 2

新鲜水果沙拉

营养师说

丰富的水果，如同丰富的生活。瘦身的日子并不一定非要自律到枯燥乏味，调节放松一下，或许会事半功倍。

材料

哈密瓜半个，酸奶 100 克，猕猴桃 1 个，蓝莓 30 克，香蕉 1 个，蔓越莓、草莓各 50 克

做法

1.哈密瓜去籽，挖出果肉，留哈密瓜盅备用；猕猴桃、香蕉去皮，切片。
2.将酸奶倒入哈密瓜盅，摆上猕猴桃、蓝莓、哈密瓜果肉、香蕉、蔓越莓、草莓，即可食用。

热量
310千卡

烤蔬菜

材料

荷兰豆 100 克，圣女果 80 克，香菇、西葫芦各 60 克，甜椒 30 克，酱油 5 毫升，蒜末、盐、食用油各少许

热量
85 千卡

做法

1. 香菇、西葫芦洗净，切块；圣女果切开；甜椒切块。
2. 烤盘中铺上锡纸，放入香菇、西葫芦、荷兰豆、圣女果、甜椒，放入酱油、蒜末、盐、食用油，拌匀。
3. 将锡纸包起来，放入烤箱中层，200℃烤 15 分钟。
4. 取出装盘即可。

金枪鱼紫甘蓝沙拉

材料

金枪鱼肉罐头 80 克，胡萝卜、紫甘蓝各 70 克，生菜 50 克，鸡蛋 1 个，盐少许

热量
211 千卡

做法

1. 胡萝卜、紫甘蓝洗净，切丝；生菜洗净，切碎。

2. 将鸡蛋煮熟，去皮，切成两瓣，放在盘中。

3. 锅中烧开水，放少许盐，放胡萝卜、紫甘蓝煮 1 分钟，捞出装盘。

4. 将鱼肉、生菜放盘中，拌匀，即可食用。

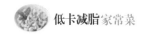

低卡减脂家常菜

DAY 3

清炒苦瓜

营养师说

先苦后甜——就是瘦身过程的真实写照！

苦瓜是好东西啊，怎能错过。

材料

苦瓜 250 克，红椒 20 克，盐 1 克，鸡粉 2 克，食用油适量

热量 65千卡

做法

1. 洗净的苦瓜切片。
2. 锅中烧开水，放入苦瓜煮 1 分钟，捞出。
3. 油锅烧热，放入红椒爆香，放入苦瓜炒熟。
4. 放盐、鸡粉调味，盛出装盘即可。

三文鱼蔬菜杂粮饭

材料

水发黑米 100 克，三文鱼 100 克，胡萝卜、西蓝花各 80 克，佛手瓜 60 克，口蘑 50 克，海藻 30 克，熟白芝麻 10 克，盐、胡椒粉、橄榄油各适量

做法

1. 将黑米煮成黑米饭，放入盘中。
2. 三文鱼切小块，加盐、胡椒粉腌渍；胡萝卜切丝；西蓝花切小朵；佛手瓜切块。
3. 锅中放入清水烧开，放少许盐，放入西蓝花、胡萝卜、佛手瓜、口蘑、海藻，煮熟，捞出放入盛米饭的盘子。
4. 平底锅开火，加少许油烧热，放入三文鱼炒熟，装入盘中，撒上熟白芝麻即可。

热量
455 千卡

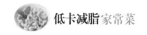

蚝油香菇芥蓝

材料

芥蓝 200 克，香菇 80 克，蒜片 15 克，蚝油 5 克，生抽 10 毫升，盐、鸡粉各 3 克，食用油适量

做法

1. 芥蓝、香菇洗净；准备半碗水，加入蚝油、生抽、盐、鸡粉搅匀，制成味汁。
2. 锅中放入清水烧开，放入芥蓝、香菇煮 1 分钟，捞出装盘。
3. 油锅烧热，加入蒜片炒香，加入味汁，小火煮开。
4. 将味汁浇在芥蓝、香菇上即可。

热量
103 千卡

DAY 4

土豆煎饼

 营养师说

土豆永远是人们餐桌上的宠儿，既可做成美味菜肴，又可作为主食。注意，当土豆作为菜肴吃时，一定要控制主食的量哦。

材料

土豆 200 克，面粉 60 克，鸡蛋 1 个，葱花 15 克，盐、鸡粉、食用油各适量

做法

1. 土豆去皮，切块。
2. 将土豆放入烧开的蒸锅中蒸熟，取出压成泥状。
3. 放入面粉，打入鸡蛋，放入盐、鸡粉、食用油。
4. 搅匀，分成几个大小相等的面团，压成饼状。
5. 煎锅放少许油，放入土豆饼，煎至两面金黄色。
6. 盛出装盘中，撒上葱花即可。

热量
463 千卡

清炒杂蔬

材料

荷兰豆、西蓝花各 100 克，胡萝卜 80 克，洋葱 50 克，蒜末、甜椒各少许，盐 4 克，鸡粉 2 克，料酒 10 毫升，食用油适量

做法

1. 荷兰豆洗净；西蓝花切小块；胡萝卜、洋葱、甜椒切丝。
2. 用油起锅，倒入蒜末、洋葱、甜椒，翻炒出香味。
3. 倒入荷兰豆、西蓝花、胡萝卜，淋入料酒，炒匀。
4. 加入盐、鸡粉，炒匀调味，关火后盛出即可。

热量
127 千卡

烤三文鱼西蓝花

材料

三文鱼 100 克，西蓝花 80 克，圣女果 30 克，罗勒叶少许，盐、胡椒粉、橄榄油各适量

做法

1. 三文鱼切块；圣女果切开；西蓝花切块。
2. 烤盘中铺上锡纸，放入三文鱼、西蓝花、圣女果，放入盐、胡椒粉、橄榄油，拌匀。
3. 用锡纸包起食材，放入烤箱中层，200℃烤 20 分钟。
4. 取出装盘，放入罗勒叶即可。

热量
178 千卡

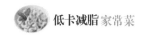

DAY 5

烤奶酪西红柿沙拉

营养师说

对于孕妇、减肥人群及生长发育旺盛的青少年和儿童来说，奶酪是最好的补钙食品之一，但是一定要适量。

材料

牛奶 250 毫升，蛋黄 3 个，玉米淀粉 50 克，芝士片 2 片，白糖 10 克，柠檬 1 个，圣女果 100 克，罗勒叶少许

热量
634 千卡

做法

1. 圣女果切开；1 个蛋黄中滴入几滴柠檬汁，备用。

2. 在锅里依次放入牛奶、蛋黄 2 个、玉米淀粉、白糖，搅拌均匀至无颗粒，开小火，边搅拌边加入芝士片，搅拌至看不到小颗粒。

3. 关火，再搅拌一会儿，倒入容器中，放冰箱冷藏 4 小时。取出奶酪块，切成小块，摆入托盘，涂上柠檬蛋黄液。

4. 烤箱预热 5 分钟，把奶酪块放入烤箱中层，调至 200℃，上下火烤 15~20 分钟，取出装盘，放上圣女果、罗勒叶即可。

土豆肉丸

材料

鸡肉 400 克，土豆 150 克，红椒 30 克，盐 3 克，鸡粉 2 克，淀粉 10 克，食用油适量

热量
396 千卡

做法

1. 土豆去皮，切块；红椒切块。

2. 鸡肉剁成泥，装碗，倒入盐、鸡粉、淀粉拌匀，腌渍 10 分钟至入味，捏成肉丸，装碗待用。

3. 油锅烧热，放入红椒爆香，加适量清水烧开，倒入肉丸、土豆。

4. 盖上盖子，用小火煮 20 分钟至食材熟软。

5. 转大火，加盐、鸡粉调味，收汁，盛出装盘即可。

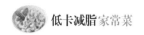

蔬菜牛肉魔芋面

热量
138千卡

材料

熟牛肉80克，魔芋面条150克，圣女果60克，大葱丝30克，葱花10克，姜丝10克，生抽5毫升，盐2克，胡椒粉、罗勒叶各少许，食用油适量

做法

1.圣女果切开；熟牛肉切条。

2.锅中放入清水烧开，放入魔芋面条煮熟，捞出装盘，放上熟牛肉、大葱丝、圣女果、葱花。

3.油锅烧热，放入姜丝爆香，放入盐、生抽调味，将热油浇在魔芋面条上。

4.撒上胡椒粉，放上罗勒叶即可。

DAY6

蘑菇大麦饭

营养师说

> 杂粮饭永远是瘦身餐桌上的宠儿,富含膳食纤维和B族维生素,对预防便秘很有好处,而且有利于保护皮肤。

材料

大麦50克,糙米50克,蘑菇100克,洋葱、肉末各30克,香菜、盐、食用油各适量

做法

1. 大麦、糙米煮成杂粮饭,盛出放凉。
2. 蘑菇洗净,切块;洋葱切小块。
3. 油锅烧热,放入洋葱、肉末翻炒,再放入蘑菇炒熟,倒入杂粮饭炒匀。
4. 加盐调味,关火后盛出装入碗中,放入香菜即可。

热量 386千卡

煎三文鱼

材料

三文鱼柳1块，胡萝卜、土豆、甜椒各80克，青豆50克，柠檬1个，杂粮面包少许，盐、胡椒粉、橄榄油各适量

热量
376千卡

做法

1. 甜椒洗净，去籽，切小块；土豆去皮洗净切丁；胡萝卜洗净切丁；柠檬切片。
2. 三文鱼柳洗净，切大块，挤上几滴柠檬汁抹匀，加盐、胡椒粉腌渍15分钟。
3. 平底锅开火，加少许油烧热，放入三文鱼柳，两面煎熟，盛出装盘。
4. 锅底留油，放入胡萝卜、土豆、甜椒、青豆，炒熟，加少许盐调味，盛出装盘。搭配杂粮面包食用即可。

腐竹沙拉

材料

腐竹 60 克，胡萝卜、蒜末、葱花、香菜各少许，盐 3 克，生抽 2 毫升，鸡粉 2 克，芝麻油 2 毫升，辣椒油 3 毫升，食用油适量

做法

1. 腐竹泡发，切段，备用；胡萝卜切细丝。
2. 锅中注水烧开，加入少许食用油、盐，倒入腐竹、胡萝卜丝，煮至食材熟透，捞出，备用。
3. 放入备好的蒜末、葱花、香菜，加入适量盐、生抽、鸡粉、芝麻油，用筷子搅拌匀。
4. 淋入辣椒油，拌匀即可。

热量
276 千卡

DAY7

营养师说

哪怕减脂的每一天都平平无奇，但是坚持到现在，或许在自己看不见的地方，已经有效果了哦！

猕猴桃柠檬汁

热量
78 千卡

材料

猕猴桃 2 个，柠檬 1 个

做法

1. 将猕猴桃去皮，切块；柠檬切开。
2. 取榨汁机，选择搅拌刀座组合，倒入猕猴桃，注入少许纯净水，盖上盖，榨取果汁，倒入杯中。
3. 挤入几滴柠檬汁，摇匀即可。

甜椒牛肉饭

材料

牛肉 150 克，红甜椒 80 克，冷米饭 130 克，黄瓜 60 克，盐 2 克，胡椒粉、鸡粉各 3 克，料酒 10 毫升，生抽 5 毫升，蚝油 5 克，食用油适量

做法

1. 洗好的红甜椒去籽，切条形；黄瓜切片。
2. 洗好的牛肉切条，放入碗中，加入适量盐、胡椒粉、料酒，腌渍 10 分钟。
3. 用油起锅，倒入红甜椒，爆香，放入牛肉，炒匀；加入料酒、蚝油、生抽，炒匀。
4. 放入冷米饭炒匀，加入盐、鸡粉，翻炒入味。
5. 盛出装盘，放上黄瓜片即可。

热量
289 千卡

竹笋豆腐汤

材料

豆腐 150 克，竹笋 120 克，西红柿 80 克，姜片、葱花各少许，盐、鸡粉各 2 克，食用油适量

热量
174千卡

做法

1. 竹笋洗净，切块；豆腐切块；西红柿洗净切块。
2. 油锅烧热，倒入姜片爆香，倒入豆腐稍炸，注入适量清水煮开。
3. 倒入竹笋、西红柿，大火煮沸后转小火煮 15 分钟。
4. 加入盐、鸡粉调味，盛出装碗，撒上葱花即可。

DAY8

干果小米稀饭

材料

黑枣 30 克，梅子干 35 克，葡萄干 40 克，
小米 30 克，大米 30 克

> **营养师说**
>
> 　　现代人很少会营养不足，更多的是营养过剩或者营养不均衡。而均衡的营养正是瘦身的必要条件，所以，只有好好吃饭，才能真正减肥。

做法

1. 锅中注入适量清水烧开，倒入小米、大米，搅匀。
2. 盖上盖，转小火煮 40 分钟。
3. 倒入黑枣、梅子干、葡萄干，搅匀煮沸，再煮 20 分钟。
4. 关火后盛出煮好的稀饭，装入碗中即可。

热量
500 千卡

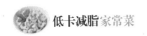

泰国牛肉沙拉

材料

熟牛肉150克，洋葱60克，红椒30克，水发粉丝60克，圣女果50克，蒜末、香菜各少许，盐3克，生抽2毫升，鸡粉2克，芝麻油2毫升，辣椒油3毫升，食用油适量

热量
308千卡

做法

1. 熟牛肉切片，备用；洋葱洗净，切丝；红椒切圈；圣女果切块。
2. 锅中注水烧开，加入少许食用油、盐，倒入粉丝，煮至食材熟透，捞出，装盘。
3. 放入备好的熟牛肉、洋葱、红椒、圣女果、蒜末、香菜，加入适量盐、生抽、鸡粉、芝麻油，用筷子搅拌匀。
4. 淋入辣椒油，拌匀即可。

胡萝卜青豆炒玉米

热量
346千卡

材料

胡萝卜 150 克，玉米粒 120 克，红椒 50 克，青豆 60 克，洋葱、盐、鸡粉、料酒、
食用油各适量

做法

1. 洗净去皮的胡萝卜切片；红椒去籽切块。
2. 用油起锅，放入洋葱、红椒爆香，倒入胡萝卜、玉米粒、青豆，快速炒匀，淋入
少许料酒，炒匀提味，翻炒至食材八成熟。
3. 加入少许盐、鸡粉，炒匀调味，用中火翻炒至食材熟透即可。

DAY9

圣女果营养丰富，其维生素含量比普通西红柿高，可促进人体的生长发育，增强人体抵抗力，延缓衰老，是不可多得的减肥食物哦！

蔬菜煎蛋

材料

西红柿1个，小甘蓝60克，香菇60克，西葫芦80克，鸡蛋1个，洋葱、盐、鸡粉、胡椒粉、食用油各适量

做法

1. 西红柿洗净、切块；小甘蓝洗净；香菇洗净切块；西葫芦洗净切片。
2. 油锅烧热，打入鸡蛋煎成荷包蛋，摆入盘中。
3. 锅底留油，放入洋葱炒香，放入西红柿、小甘蓝、香菇、西葫芦炒熟，放盐、鸡粉调味。
4. 将炒好的蔬菜盛出放在荷包蛋周围，撒上胡椒粉即可。

热量
176 千卡

美味虾串

热量
295 千卡

材料

虾仁 100 克，小土豆 100 克，圣女果 80 克，洋葱 60 克，青椒 50 克，盐、胡椒粉、食用油各适量，竹签几根

做法

1. 小土豆去皮洗净，切块；洋葱、青椒切块。
2. 将虾仁、小土豆、圣女果、洋葱、青椒装碗中，倒入盐和胡椒粉、食用油，搅拌均匀。
3. 用竹签把食材穿起来，放入烤箱或者微波炉，烤熟即可。

田园沙拉

材料

圣女果100克，油炸豆皮60克，西蓝花100克，紫叶生菜80克，黄瓜60克，盐、胡椒粉各3克，食用油适量

做法

1. 圣女果切块；油炸豆皮切条；西蓝花切小朵；生菜洗净切段；黄瓜洗净，切块。
2. 锅中放入清水烧开，倒入少许食用油和盐，放入西蓝花煮熟，捞出装盘。
3. 放入圣女果、生菜、黄瓜，加盐、胡椒粉拌匀，摆上油炸豆皮即可。

热量
352 千卡

DAY10

西红柿黄瓜汁

营养师说

黄瓜尾部含有较多的苦味素，食用时切莫把黄瓜把儿全部丢掉，因为苦味素对于消化道炎症具有独特的功效，可刺激消化液的分泌，产生大量消化酶，使人胃口大开。

热量
362 千卡

材料

西红柿1个，黄瓜80克

做法

1.将黄瓜去皮，切片；西红柿切开。
2.取榨汁机，选择搅拌刀座组合，倒入黄瓜、西红柿，注入少许纯净水，盖上盖，榨取果汁，倒入杯中即可。

胡椒牛排

材料

牛排300克，茄子60克，玉米、土豆各80克，西葫芦、圣女果、豆角、红椒、洋葱、口蘑各50克，胡椒10克，大蒜片5克，盐、淀粉各3克，老抽5毫升，味精1克，高汤30毫升，食用油适量

做法

1. 牛排洗净，切块，加入盐、淀粉腌渍。

2. 锅中倒油烧热，倒入牛排煎至八成熟后，捞出控油。

3. 锅中留油烧热，放入胡椒、蒜片、牛排，加入高汤，煮至牛排熟透，加入老抽、味精调味，收汁，盛出装盘。

4. 茄子洗净，切片；玉米切小段；圣女果、西葫芦切片；土豆去皮，切块；红椒、洋葱、口蘑切块；豆角洗净。

5. 将所有蔬菜装入烤盘，放入盐和食用油拌匀，放入烤箱烤熟。

6. 取出蔬菜，摆在牛排旁边即可。

热量
302千卡

胡萝卜丝凉拌豆腐皮

材料

豆腐皮80克,胡萝卜100克,
蒜末、辣椒、鸡粉、香菜各
少许,盐3克,芝麻油5毫升,
食用油适量

做法

1. 去皮洗净的胡萝卜切成细丝;豆腐皮切丝。
2. 锅中注入适量清水,用大火烧开,放入食用油、盐,再下入胡萝卜、豆腐皮,搅拌匀,煮约1分钟至全部食材断生。
3. 捞出胡萝卜、豆腐皮,沥干水分,放入碗中。
4. 加入盐、鸡粉、蒜末、辣椒、香菜,再淋入芝麻油,搅拌约1分钟至食材入味。
5. 将拌好的食材装在盘中即可。

热量
372 千卡

DAY11

节食减肥的人往往更容易便秘，因为没有足够的食物残渣来刺激肠蠕动，自然就会影响正常的排泄功能，长期节食很容易导致肠道功能紊乱。

自制杂粮吐司

材料

杂粮面包1个，鸡胸肉1块，西红柿1个，紫甘蓝60克，黄瓜100克，生菜60克，花生米少许

做法

1.面包切厚块，再从中间剖开，备用。

2.鸡胸肉切片；西红柿切片；紫甘蓝切丝；黄瓜切片；生菜洗净备用。

3.锅中注水烧开，放入鸡胸肉煮熟，捞出；放入紫甘蓝，煮至断生，捞出。

4.将鸡胸肉、紫甘蓝、西红柿、黄瓜、花生米、生菜依次放入面包片中，即可食用。

热量
402 千卡

香煎三文鱼柳

材料

三文鱼柳 1 块，土豆、甜椒、西葫芦各 80 克，西蓝花 100 克，盐、胡椒粉、橄榄油、
罗勒叶各适量

热量
354 千卡

做法

1.甜椒洗净，去籽，切条；土豆去皮洗净切块；西葫芦切块；西蓝花切小朵。

2.三文鱼柳洗净，加盐、胡椒粉腌渍 15 分钟。

3.平底锅开火，加少许油烧热，放入三文鱼柳，两面煎熟，盛出装盘。

4.锅底留油，放入土豆、甜椒、西葫芦、西蓝花，炒熟，加少许盐调味，盛出装盘，
放上罗勒叶即可。

鸡肉沙拉

材料

鸡胸肉3块，菠菜、豆角、西葫芦各60克，圣女果、洋葱各30克，辣椒酱、盐、黑胡椒粉、料酒、橄榄油各适量

做法

1.菠菜洗净，切段；豆角洗净；西葫芦切片；圣女果切开。

2.鸡胸肉洗净，加盐、黑胡椒粉、料酒腌渍15分钟。

3.锅中放入清水烧开，放少许盐，放入菠菜、豆角、西葫芦，煮熟，捞出装盘。

4.另起平底锅开火，加少许油烧热，放入洋葱爆香，再放入鸡胸肉，两面煎熟，抹上少许辣椒酱，盛出装盘即可。

热量
336千卡

DAY12

鸡蛋蟹柳

营养师说

半个月的时间很快过去了，自己都有哪些收获呢？

热量
257 千卡

材料

鸡蛋 2 个，蟹柳 60 克，生菜、黄瓜、南瓜各 50 克

做法

1. 生菜洗净，摆盘中；南瓜去皮，切块；黄瓜洗净，切片。

2. 锅中放入清水烧开，放入南瓜、蟹柳煮熟，捞出放在生菜上。

3. 把鸡蛋煮熟，剥壳，切成块，放在盘中，再放入黄瓜即可。

苹果炒蔬菜

材料

苹果 200 克，胡萝卜 100 克，土豆 80 克，盐少许，生抽、食用油各适量

做法

1. 洗净的苹果切小块；土豆去皮，切块；胡萝卜切块。
2. 锅中注入适量清水烧开，放少许盐，倒入切好的胡萝卜、土豆，搅拌匀，煮 1 分钟，捞出，沥干水分。
3. 锅中倒入适量食用油，放入胡萝卜、土豆炒匀，加入苹果，翻炒匀，放入适量盐、生抽，翻炒均匀。
4. 关火后把炒好的食材盛出，装入盘中即可。

热量
246 千卡

芦笋和金枪鱼沙拉

材料

金枪鱼肉罐头 80 克，土豆 100 克，芦笋、生菜各 70 克，鸡蛋 2 个，黑橄榄、盐、黑胡椒粉各少许

热量
327 千卡

做法

1. 土豆去皮洗净，切块；生菜、芦笋洗净。

2. 将鸡蛋煮熟，去皮，切成两瓣，放在盘中。

3. 锅中烧开水，放少许盐，放入土豆、芦笋煮 1 分钟，捞出装盘。

4. 将鱼肉、生菜、黑橄榄放盘中，放少许盐和黑胡椒粉拌匀，即可食用。

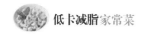

DAY13

营养师说

　　大家一定要清楚，减肥这事儿没有捷径。快速减肥容易导致脸色发黄、脱发、双眼无神、脾气暴躁、身体虚弱等问题。

西蓝花面包水果沙拉

热量
302 千卡

材料

面包 80 克，石榴半个，西蓝花、西葫芦各 80 克，香草 10 克，熟白芝麻 5 克，盐少许

做法

1.面包撕小块，烤至金黄色。

2.西蓝花切小块；西葫芦洗净，切块；石榴去皮，留石榴籽。

3.锅中放清水烧开，放少许盐，放入西蓝花、西葫芦煮熟，捞出装盘。

4.将面包、石榴、香草装入碗中，倒入熟白芝麻拌匀即可。

牛肉炒甜椒

材料

牛肉 200 克，红甜椒、黄甜椒、青甜椒各 80 克，蒜片 10 克，盐 2 克，胡椒粉、鸡粉各 3 克，料酒 10 毫升，生抽 5 毫升，蚝油 5 克，食用油适量

做法

1. 洗好的红甜椒、黄甜椒、青甜椒切开，去籽，切条形。
2. 洗好的牛肉切条，放入碗中，加入适量盐、胡椒粉、料酒，腌渍 10 分钟。
用油起锅，倒入蒜片爆香。
3. 放入红甜椒、黄甜椒、青甜椒、牛肉，炒匀。
4. 加入料酒、蚝油、生抽，炒匀，加入盐、鸡粉，翻炒入味，盛出装盘即可。

热量
270 千卡

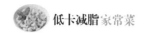

蔬菜杂粮饭

材料

冷的红米饭180克，肉末50克，土豆、西蓝花、胡萝卜各60克，盐3克，鸡粉2克，芝麻油、食用油各适量

热量
382 千卡

做法

1. 洗好的西蓝花、胡萝卜切块；洗净去皮的土豆切块。
2. 锅中注入清水烧开，加入盐、食用油，放入西蓝花、胡萝卜、土豆，拌匀，煮约1分钟至其断生，捞出，沥干水分。
3. 用油起锅，倒入肉末炒匀，放入西蓝花、胡萝卜、土豆、红米饭，炒匀。
4. 加入盐、鸡粉、芝麻油，炒香，盛出即可。

DAY14

芦笋兰花蚌

热量
169千卡

材料

兰花蚌100克，芦笋200克，黄甜椒、红甜椒各30克，盐2克，胡椒粉、鸡粉各3克，食用油适量

做法

1. 洗好的芦笋切滚刀块；兰花蚌洗净；黄甜椒、红甜椒洗净去籽，切块。
2. 用油起锅，倒入黄甜椒、红甜椒爆香，倒入兰花蚌、芦笋，大火快速炒熟。
3. 加入盐、鸡粉、胡椒粉，翻炒入味，盛出装盘即可。

蔬菜蘑菇盘

热量
192 千卡

材料

红薯 80 克，西蓝花、豆角各 100 克，香菇、甜椒各 50 克，西葫芦 40 克，盐、食用油各少许

做法

1. 红薯去皮洗净，切块，放入蒸锅中蒸熟，装盘。
2. 西蓝花洗净，切小朵；豆角切段；香菇切块；甜椒去籽切块；西葫芦切片。
3. 锅中注水烧开，放少许盐、食用油，再放入西蓝花、豆角、香菇、甜椒、西葫芦煮熟。
4. 捞出装盘即可。

豆腐蔬菜三明治

材料

豆腐 100 克，南瓜 150 克，生菜 100 克，樱桃萝卜 100 克，西葫芦 80 克，温热的米饭 150 克，寿司海苔 2 片，熟黑芝麻少许，盐、白糖、白醋各适量

做法

1. 蒸锅烧开，分别放入南瓜和豆腐蒸熟，取出切薄片。

2. 生菜洗净，切丝；樱桃萝卜洗净，切片，放少许盐腌渍 10 分钟；西葫芦洗净，切片，煮熟备用。

3. 将盐、白糖、白醋按 1 ∶ 5 ∶ 10 的比例调制成寿司醋。

4. 米饭中放入寿司醋、熟黑芝麻，翻拌均匀。

5. 取 1 片寿司海苔，铺米饭压实，整理成正方形，铺上生菜、豆腐、西葫芦，再铺米饭，将海苔四角往中间叠起，收拢。

6. 另取 1 片寿司海苔，铺米饭压实，铺上生菜、樱桃萝卜、南瓜，再铺一勺米饭，轻轻压一压，四角叠起，切成三角形即成。

热量
397 千卡

DAY15

早晨起来后，身体经过一晚上的消耗，完成了一个完整的新陈代谢的过程，排便结束并且在没有进食的条件下称体重，比较准确。

蔬菜鱼片

材料

鱼片 150 克，西葫芦 80 克，圣女果 30 克，香草少许，盐、胡椒粉、橄榄油各适量

做法

1. 西葫芦洗净，切片。
2. 烤盘中铺上锡纸，放入鱼片、西葫芦、圣女果，放入盐、胡椒粉、橄榄油，拌匀。
3. 用锡纸包起食材，放入烤箱中层，200℃烤 20 分钟。
4. 取出，将烤好的食材装盘，撒上香草即可。

热量
317 千卡

鸡胸肉配绿色沙拉

材料

鸡胸肉1块，生菜80克，紫甘蓝、红椒各60克，盐、胡椒粉、料酒、橄榄油各
适量

热量
238千卡

做法

1. 生菜洗净，切段，摆在盘中；紫甘蓝、红椒切丝。

2. 鸡胸肉洗净，加盐、胡椒粉、料酒腌渍15分钟。

3. 锅中放入清水烧开，放少许盐，放入紫甘蓝、红椒，煮熟，捞出装盘。

4. 平底锅开火，加少许油烧热，放入鸡胸肉，两面煎熟，捞出，切成片，装盘即可。

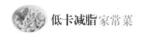

包菜拌核桃

**热量
173千卡**

材料

包菜 100 克，冬瓜 100 克，核桃仁 30 克，盐、食用油各少许

做法

1.包菜洗净切丝；冬瓜切片。

2.锅中注水烧开，放少许盐、食用油，再放入包菜、冬瓜煮熟，捞出装盘。

3.油锅烧热，放入核桃仁炸香，放在蔬菜盘中拌匀即可。

DAY16

营养师说

充足的睡眠、适量的运动、健康的
饮食和良好的心态都是保持皮肤健康的
重要准则。其中，补充优质蛋白质和维
生素 C 尤为重要。

鸡肉拌蔬菜

材料

鸡胸肉 1 块，菠菜 80 克，西红柿 80 克，玉米粒 100 克，黄瓜 60 克，盐、胡椒粉、
料酒、食用油各适量

热量
352 千卡

做法

1.菠菜洗净；西红柿切块；黄瓜洗净，切片。

2.鸡胸肉洗净，加盐、胡椒粉、料酒腌渍 15 分钟。

3.锅中放入清水烧开，放少许盐，放入菠菜、玉米粒稍煮，捞出装盘，再放上西红柿、
黄瓜。

4.平底锅开火，加少许油烧热，放入鸡胸肉，两面煎熟，捞出，切成片，装盘即可。

蚕豆茭白

热量
367千卡

材料

蚕豆、茭白各 100 克，盐、鸡粉各 2 克，食用油适量

做法

1. 洗净的茭白切片。
2. 锅中烧开水，放入蚕豆、茭白煮 1 分钟，捞出。
3. 油锅烧热，放入蚕豆、茭白炒熟。
4. 放盐、鸡粉调味，盛出装盘即可。

牛肉沙拉

材料

熟牛肉150克，洋葱60克，红椒30克，胡萝卜60克，圣女果50克，生菜叶2片，蒜末、香菜各少许，盐3克，生抽2毫升，鸡粉2克，芝麻油2毫升，食用油适量

做法

1. 熟牛肉切片，备用；洋葱、胡萝卜、红椒洗净，切丝；圣女果切块；生菜叶洗净，铺在盘中。
2. 锅中注水烧开，加入少许食用油、盐，倒入胡萝卜，煮至食材熟透，捞出，装碗备用。
3. 碗中放入备好的熟牛肉、洋葱、红椒、圣女果、蒜末、香菜，加入适量盐、生抽、鸡粉，用筷子搅拌匀。
4. 淋入芝麻油拌匀，至食材入味，放在生菜上即可。

热量
236千卡

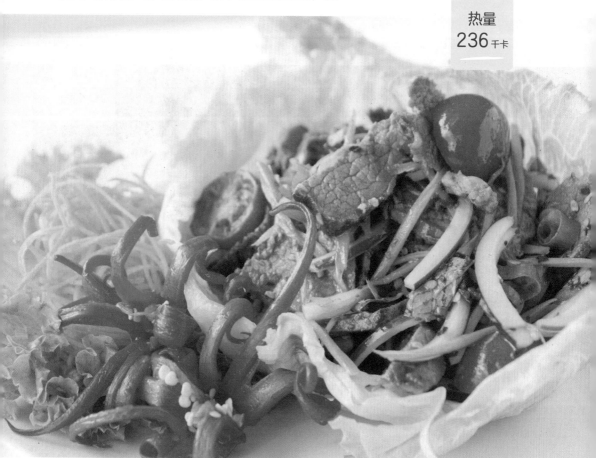

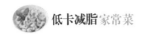

DAY17

营养师说

外出吃饭，主食类优先选择玉米、红薯、南瓜、山药、芋头等，其次选择杂粮饭，这些要是都没有，尽量选择全麦面包，控制精白米、白面的摄入。

芦笋蛋饼

材料

芦笋 100 克，鸡蛋 2 个，菠菜 80 克，西红柿 1 个，面粉 50 克，食用油、盐各适量

做法

1. 洗净的芦笋切小段；菠菜切段；西红柿切片。
2. 取一碗，倒入面粉，加入盐拌匀，打入鸡蛋，倒入芦笋、菠菜、西红柿拌匀。
3. 用油起锅，放入面糊铺平，煎约 5 分钟至两面金黄。
4. 关火，取出煎好的蛋饼，装盘即可。

热量
382 千卡

鸡肉甘蓝杂粮饭

材料

白藜麦、红藜麦各 30 克,鸡胸肉 1 块,熟鹰嘴豆 30 克,小甘蓝、红椒各 80 克,菠菜、青椒各 50 克,熟黑芝麻、熟白芝麻各 10 克,盐、胡椒粉、橄榄油各适量

做法

1. 将白藜麦、红藜麦煮成藜麦饭,放入盘中。
2. 鸡胸肉洗净,加盐、胡椒粉腌渍;小甘蓝切开;红椒、青椒切条;菠菜洗净,切段。
3. 锅中放入清水烧开,放少许盐,放入小甘蓝、青椒、菠菜,煮熟,捞出装盘。
4. 平底锅开火,加少许油烧热,放入红椒、鸡胸肉,煎至两面金黄,捞出切块,装入盘中。
5. 放上鹰嘴豆,撒上熟白芝麻、熟黑芝麻即可。

热量
469 千卡

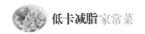

虾仁蔬菜沙拉

热量
213千卡

材料

虾仁 100 克，玉米粒 100 克，西蓝花、圣女果各 60 克，西葫芦 80 克，盐、蛋黄酱各适量

做法

1.圣女果、西葫芦、西蓝花洗净，切块。

2.虾仁放入沸水锅中煮熟，剥去外壳，待用。

3.将玉米粒、西葫芦、西蓝花放入沸水锅中煮熟，捞出。

4.取一小碗，放入虾仁、圣女果、西葫芦、玉米粒、西蓝花。

5.加盐、蛋黄酱，搅拌均匀后装盘即可。

DAY18

蔬菜汉堡

吃饭时要注意，尽量先吃蔬菜，再吃含优质蛋白的食物，最后吃主食。如果要喝汤，餐前餐后都可以，但注意选择少油、少淀粉、少盐的汤。

材料

杂粮面包2片，豆腐1块，黄瓜60克，西红柿1个，生菜叶2片，洋葱适量，盐、鸡粉、胡椒粉、食用油各适量

做法

1. 豆腐洗净；黄瓜、西红柿洗净，切片；洋葱切圈。
2. 油锅烧热，放入豆腐，两面炸黄，撒上盐、鸡粉、胡椒粉拌匀，盛出。
3. 放入黄瓜稍炒，盛出。
4. 取1片杂粮面包，依次铺上生菜叶、洋葱圈、西红柿、豆腐、黄瓜，再盖上1片杂粮面包。
5. 蔬菜汉堡制成了。

热量
303千卡

西蓝花鸡排杂粮饭

材料

白藜麦、燕麦各30克，鸡排1块，西蓝花、黄瓜各80克，熟白芝麻10克，盐、胡椒粉、辣椒酱、橄榄油各适量

做法

1. 将白藜麦、燕麦煮成藜麦饭，放入盘中。

2. 鸡排洗净，加盐、胡椒粉腌渍；西蓝花切小朵；黄瓜切块。

3. 锅中放入清水烧开，放少许盐，放入西蓝花，煮熟，捞出装盘。

4. 平底锅开火，加少许油烧热，放入鸡排，煎至两面金黄，捞出切块，装入盘中，抹上辣椒酱。

5. 放上西蓝花、黄瓜，撒上熟白芝麻即可。

热量
342 千卡

豆皮金针菇烤串

热量 400 千卡

材料

培根、豆腐皮各 80 克，金针菇、香菜各 60 克，盐、黑胡椒、食用油各适量

做法

1. 培根、豆腐皮切片；金针菇、香菜洗净。
2. 将金针菇、香菜放一起，加入盐和黑胡椒、食用油拌匀。
3. 将蔬菜放在培根片和豆腐皮中，卷起来，用牙签固定。
4. 把卷好的蔬菜卷放烤箱里，上下各 230℃，烤 10 分钟。
5. 将蔬菜卷翻面，刷上少许食用油，再烤 5 分钟，取出即可。

DAY19

营养师说

减肥期间要注意保证良好的睡眠。睡眠越少，越容易肥胖。当睡眠不足时，促进食欲的激素会增加，醒来后更容易吃过多高热量、高糖类的食物。

豆腐荞麦面

材料

荞麦面95克，红椒10克，胡萝卜60克，西蓝花、豆腐、蘑菇各50克，柠檬1个，上海青1棵，香菜少许，生抽5毫升，芝麻油7毫升，盐、鸡粉各2克，熟芝麻、食用油各适量

做法

1.洗净去皮的胡萝卜切丝；洗好的红椒切圈；西蓝花、豆腐、蘑菇切块；上海青洗净，对半切开。

2.锅中注水烧开，放入荞麦面煮熟，捞出装盘；再放入胡萝卜丝、上海青煮熟，捞出放荞麦面上。

3.油锅烧热，放红椒爆香，放入西蓝花、豆腐、蘑菇炒熟，盛出放在荞麦面上。

4.碗中挤入柠檬汁，放入盐、生抽、鸡粉、芝麻油，搅匀，浇在荞麦面上，放上香菜，撒上熟芝麻即可。

热量
367千卡

酱牛肉蔬菜

热量
220千卡

材料

酱牛肉 80 克，土豆、胡萝卜各 100 克，包菜 50 克，香菜、盐、食用油各少许

做法

1. 酱牛肉切片；土豆洗净，切块；胡萝卜切条；包菜切开。
2. 锅中注水烧开，放少许盐、食用油，再放入土豆、胡萝卜、包菜煮熟。
3. 将酱牛肉、土豆、胡萝卜、包菜、香菜装盘即可。

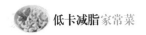

酸奶水果捞

材 料

葡萄干 10 克，橘子 1 个，蓝莓 30 克，酸奶 150 克，燕麦片 15 克

热量
415 千卡

做 法

1. 橘子去皮，切成小块；蓝莓洗净备用。

2. 准备一个小碗，底部摆好蓝莓，倒入准备好的酸奶，再依次放入橘子块、葡萄干，撒上燕麦片即可食用。

DAY20

营养师说

不知不觉，已经快要一个月了，不知道你有什么样的减肥心得呢？

虾仁拌蔬菜

材料

鲜虾 100 克，胡萝卜 60 克，圣女果 50 克，生菜叶 2 片，盐、蛋黄酱各适量

做法

1. 圣女果洗净，切块；胡萝卜洗净，切丝；生菜叶洗净，摆盘中。
2. 鲜虾放入沸水锅中煮熟，剥去外壳，取虾仁待用。
3. 将胡萝卜放入沸水锅中煮熟，捞出。
4. 取一小碗，放入虾仁、胡萝卜、圣女果，加盐、蛋黄酱，搅拌匀。
5. 盛出放在生菜叶上即可。

热量
88 千卡

香菇木耳菠菜

材料

菠菜200克，水发木耳70克，鲜香菇45克，姜末、蒜末、葱花各少许，盐、鸡粉各2克，料酒4毫升，橄榄油适量

做法

1. 洗好的香菇去蒂，切成小块；木耳撕成小朵；菠菜切去根部，再切成长段，待用。
2. 锅置火上，淋入少许橄榄油，烧热，倒入蒜末、葱花、姜末，爆香。
3. 放入香菇、木耳，炒匀炒香，淋入料酒，炒匀。
4. 倒入菠菜，用大火炒至变软，加入盐、鸡粉，炒匀调味，关火盛出装盘即可。

热量
78千卡

牛肉蔬菜沙拉

热量
137 千卡

材料

酱牛肉 100 克，西红柿 1 个，荠菜 50 克，生菜、紫叶生菜各 60 克，盐、食用油各少许

做法

1.酱牛肉切片；西红柿洗净，切块；荠菜洗净，切去根部；生菜、紫叶生菜洗净，撕碎，待用。

2.锅中注水烧开，放少许盐、食用油，再放入荠菜煮熟。

3.将酱牛肉、西红柿、生菜、紫叶生菜、荠菜装盘即可。

DAY21

水煮鸡肉蔬菜

营养师说

外出吃饭时，在肉类上应优先选择海鲜类（如鱼肉、贝类、虾类），其次选择瘦牛肉、鸡胸肉、猪里脊等。坚决避免油炸、油煎食物，偶尔吃一顿，一定用开水涮一下。

材料

鸡胸肉半块，胡萝卜、土豆、西蓝花各 100 克，盐、生抽、料酒、橄榄油各适量

做法

1. 胡萝卜切条；西蓝花切小朵；土豆去皮，切块。
2. 鸡胸肉洗净，加盐、生抽、料酒腌渍 15 分钟。
3. 平底锅开火，加少许油烧热，放入鸡胸肉，两面煎熟，捞出装盘。
4. 另起锅，放入清水烧开，放少许盐，放入西蓝花、胡萝卜、土豆，煮熟，捞出装盘即可。

热量
307 千卡

鸡肉茄子西葫芦

材料

鸡胸肉100克，茄子、西葫芦各60克，圣女果30克，生抽、辣椒酱、蒜末、盐、食用油各少许

热量
169 千卡

做法

1. 茄子、西葫芦洗净，切片；圣女果切开。
2. 烤盘中铺上锡纸，放入鸡胸肉、茄子、西葫芦、圣女果，放入生抽、辣椒酱、蒜末、盐、食用油，拌匀。
3. 用锡纸包起食材，放入烤箱中层，200℃烤20分钟。
4. 取出装盘即可。

青红椒炒豆皮

材料

豆皮 100 克，青椒、红椒各 30 克，盐 3 克，鸡粉 2 克，老抽 2 毫升，料酒 4 毫升，生抽 5 毫升，水淀粉、食用油各适量

做法

1. 洗净的青椒、红椒切成段；洗好的豆皮切条形。
2. 用油起锅，放入青椒、红椒，爆香，倒入豆皮，淋料酒，炒香、炒透，加入少许盐。
3. 倒入老抽、生抽、鸡粉，轻轻翻动，转中火炖煮约 2 分钟，至食材入味。
4. 用大火收汁，倒入适量水淀粉，翻炒至汤汁收浓、食材熟透，关火后盛出即可。

热量
343 千卡

DAY22

虾仁炒蔬菜

营养师说

加工过的燕麦片，用开水一冲就能
吃，泡一会儿就会变得非常软烂，这样反
而加快了消化速度，不利于减肥。所以，
要尽量选择没有加工过的完整燕麦。

材料

虾仁 120 克，荷兰豆 100 克，西蓝花 80 克，红椒 20 克，盐少许，水淀粉 4 毫升，
生抽、老抽、食用油各适量

做法

1. 洗净的西蓝花切小块。
2. 锅中注入适量清水烧开，放少许盐，倒入荷兰豆、西蓝花，搅拌匀，煮 1 分钟，捞出，
沥干水分。
3. 锅中倒入适量食用油，放入红椒爆香，加入虾仁翻炒，再放入荷兰豆、西蓝花，
翻炒均匀，加入适量清水，放入适量盐、生抽、老抽，翻炒均匀，放入水淀粉。
4. 关火后把炒好的食材盛出，装入盘中即可。

热量
127 千卡

香菇燕麦饭配凉拌黄瓜片

材料

燕麦饭 150 克，香菇 120 克，西葫芦 80 克，黄瓜 200 克，圣女果 100 克，洋葱 60
克，红椒 20 克，香菜、盐、生抽、老抽、食用油各适量

做法

1. 洗净的西葫芦切片；黄瓜洗净，切薄片；香菇切块；圣女果切块；洋葱切丝；红椒切块。
2. 锅中倒入适量食用油，放入红椒爆香，加入香菇、西葫芦、圣女果，翻炒均匀，加盐。
3. 老抽调味，盛出放在燕麦饭碗中，撒上香菜。
4. 黄瓜片、洋葱丝放在碗中，加盐、生抽、老抽拌匀，装入盘中，撒上香菜即可。

热量
357 千卡

烤鸡肉蔬菜

材料

鸡胸肉 1 块，西蓝花、胡萝卜、洋葱各 60 克，生抽、辣椒酱、盐、食用油各少许

做法

1. 胡萝卜洗净，切片；西蓝花、洋葱切块。
2. 烤盘中铺上锡纸，放入鸡胸肉、西蓝花、胡萝卜、洋葱，放入生抽、辣椒酱、盐、食用油，拌匀。
3. 用锡纸包起食材，放入烤箱中层，200℃烤 20 分钟。
4. 取出装盘即可。

热量
267 千卡

DAY23

鱼丸蔬菜沙拉

材料

鱼丸150克，西红柿1个，鸡蛋2个，菠菜、洋葱各60克，盐、食用油各少许

做法

1.鸡蛋煮熟，剥壳，切开；西红柿切块；洋葱洗净，切丝；菠菜洗净，切段。

2.锅中注水烧开，放少许盐、食用油，放入鱼丸、菠菜煮熟。

3.将鱼丸、西红柿、鸡蛋、菠菜、洋葱装盘即可。

热量 373 千卡

香菇鸡

材料

鸡块 150 克，青豆 65 克，四季豆 50 克，水发香菇 70 克，姜片、葱段、八角各少许，盐 3 克，生抽 6 毫升，料酒 4 毫升，鸡粉 2 克，水淀粉 4 毫升，食用油适量

热量
379 千卡

做法

1. 用油起锅，倒入八角、葱段、姜片、鸡块，炒匀。
2. 加入料酒、香菇、青豆、四季豆，炒匀。
3. 放入生抽、清水、盐，煮 30 分钟至入味。
4. 加入鸡粉、水淀粉，炒片刻，将烧好的食材盛出即可。

土豆培根鱼串

材料

小土豆 150 克，鱼片 100 克，圣女果 30 克，培根 30 克，葱段、荠菜、洋葱各 50 克，盐、胡椒粉、生抽、食用油各少许

做法

1.小土豆去皮，洗净；鱼片洗净，刷少许食用油、盐、胡椒粉、生抽腌渍 10 分钟；荠菜洗净，去除根部；洋葱切圈；圣女果切开。

2.将鱼片和圣女果、培根片用竹签穿起来，放在烤盘中，撒上洋葱圈、葱段，放入微波炉或烤箱烤熟，取出装盘中。

3.锅中倒入清水烧开，放入小土豆和荠菜煮熟，捞出，放在装有鱼片的盘中即可。

热量
397 千卡

DAY24

虾仁沙拉

营养师说

　　藜麦是经典的减肥食物之一，但对于胃肠受损较严重、有炎症的人来说，不太适合食用。由于藜麦外膜较硬，会增加胃肠病患者的消化负担。

材料

面包 60克，虾仁 100克，黄瓜 100克，圣女果 60克，生菜、菠菜各 50克，盐、蛋黄酱各适量

做法

1.面包撕小块，烤至金黄色；黄瓜、圣女果洗净，切块；生菜、菠菜洗净，切段。
2.虾仁入沸水锅中煮熟，捞出待用。
3.将生菜、菠菜放入沸水锅中焯一下，捞出。
4.取一碗，放入面包、虾仁、黄瓜、圣女果、生菜、菠菜。
5.加盐、蛋黄酱，搅拌均匀即可。

热量
287 千卡

黑豆玉米沙拉

材料

黑豆 60 克，甜椒 100 克，洋葱 80 克，玉米粒 100 克，香菜、盐、食用油各适量

热量
396 千卡

做法

1. 水发黑豆放入高压锅中煮熟。
2. 甜椒、洋葱洗净，切丁。
3. 锅中放入清水烧开，放少许盐、食用油，放入甜椒、玉米粒，煮熟，捞出。
4. 取一小碗，放入煮熟的黑豆、甜椒、洋葱、玉米粒，放少许盐、香菜，拌匀即可食用。

鸡肉鲜蔬炒饭

材料

白藜麦、红藜麦各 40 克，鸡胸肉 1 块，黄瓜、圣女果、黄甜椒各 60 克，盐、胡椒粉、
橄榄油各适量

做法

1. 将白藜麦、红藜麦煮成藜麦饭。
2. 鸡胸肉洗净，加盐、胡椒粉腌渍；黄瓜切片；圣女果、黄甜椒切块。
3. 油锅烧热，放入黄甜椒稍炒，再放入黄瓜和圣女果拌炒，倒入藜麦饭拌匀，加少
许盐拌匀，盛出装盘中。
4. 煎锅里放油烧热，放入鸡胸肉，煎至两面金黄，捞出切块，放在炒饭上即可。

热量
446 千卡

DAY25

鸡肉牛油果沙拉

营养师说

牛油果是一种营养价值很高的水果，含多种维生素、丰富的脂肪酸和蛋白质。牛油果含有钠、钾、镁、钙等元素，营养价值可与奶油媲美。

材料

鸡肉、牛油果各100克，柠檬半个，杧果80克，生菜50克，姜片少许，盐、黑胡椒粉各适量

做法

1. 鸡肉切片，放盐、黑胡椒粉腌渍10分钟；牛油果去核，切块；柠檬切片；杧果去皮，切块；生菜洗净，铺在碗中。
2. 锅中烧开水，放入姜片，再放入鸡肉煮熟，捞出。
3. 取一碗，放入鸡肉、牛油果、柠檬、杧果，加黑胡椒粉拌匀。
4. 放在生菜碗中即可。

热量 354千卡

香菇滑鸡盖饭

材料

熟米饭 150 克，鸡块 100 克，鸡蛋 1 个，水发香菇 70 克，生菜、玉米粒各 60 克，姜片、葱段、红椒各少许，盐 3 克，生抽 6 毫升，料酒 4 毫升，鸡粉 2 克，水淀粉 4 毫升，食用油、沙拉酱、红椒丝各适量

热量
442 千卡

做法

1. 用油起锅，打入鸡蛋，煎成荷包蛋，放在米饭上。

2. 锅底留油，倒入姜片、葱段、红椒爆香，放入鸡块，炒匀，加入料酒，倒入香菇炒匀，放入生抽、清水、盐，煮 30 分钟至入味。

3. 加入鸡粉、水淀粉，炒片刻，将烧好的鸡块盛出装入碗中。

4. 锅中倒清水烧开，放入生菜、玉米粒烫熟，捞出装盘，撒上红椒丝，挤入少许沙拉酱即可。

牛肉蔬菜玉米饼

材料

玉米脆饼适量，牛肉 150 克，生菜、甜椒各 80 克，胡萝卜、西红柿各 30 克，盐、鸡粉、孜然粉、生抽、白糖、生粉、食用油各适量

热量
371 千卡

做法

1. 生菜洗净，切碎；甜椒洗净，切丁；胡萝卜洗净，切丝；西红柿切开，剁成末。

2. 牛肉洗净，剁成肉末，加盐、孜然粉、生抽、生粉、食用油腌渍 15 分钟。

3. 用油起锅，放入甜椒爆香，放入牛肉炒熟，再放入胡萝卜、西红柿、生菜炒匀，加盐、白糖、生抽炒匀调味，盛出装盘，待用。

4. 烤箱预热至 230℃，将玉米脆饼两面刷少许油，放在烤盘上，放入烤箱烤 10 分钟，至两面金黄。

5. 取出玉米脆饼，稍放凉后对折，放上炒好的牛肉蔬菜即可。

DAY26

鸡肉拌蔬菜

营养师说

这世上没有永远不反弹的减肥方法，因为导致我们发胖的根源是不良的生活作息和饮食习惯。只有从源头上进行改变，才不容易反弹。

材料

鸡肉100克，圣女果60克，生菜、紫叶生菜各100克，盐、胡椒粉、食用油各适量

做法

1. 圣女果洗净，切块；生菜、紫叶生菜洗净，切段。
2. 鸡肉洗净，切块，放盐、胡椒粉、食用油腌渍10分钟。
3. 油锅烧热，放入鸡肉，两面炸熟，盛出。
4. 取一碗，放入圣女果、生菜、紫叶生菜，拌匀。
5. 放上鸡肉即可。

热量
176千卡

鱼排蔬菜

材料

三文鱼 200 克，西蓝花 80 克，花菜 60 克，土豆、胡萝卜各 50 克，圣女果 30 克，盐、胡椒粉、橄榄油各适量

做法

1. 三文鱼中放盐、胡椒粉、橄榄油腌渍 10 分钟，放入烤箱烤 20 分钟，取出装盘。

2. 圣女果切开；西蓝花、花菜洗净，切块；土豆去皮切块；胡萝卜切条。

3. 锅中放清水烧开，倒入西蓝花、花菜、土豆、胡萝卜煮熟，捞出，放在三文鱼盘中即可。

热量
397 千卡

菠萝荔枝饮

热量
168 千卡

材料

菠萝 120 克，荔枝 100 克

做法

1.将菠萝去皮，切块；荔枝去皮，去核。
2.取榨汁机，选择搅拌刀座组合，倒入菠萝、荔枝，注入少许纯净水，盖上盖，榨取果汁，倒入杯中即可。